Caractérisation de la biodiversité ligneuse dans les zones en marge du désert : Manuel de procédures

Antoine Kalinganire
Bocary Kaya
Amadou Niang
Roeland Kindt
Peter Muraya
Richard Coe

Ce document a été réalisé grâce à l'appui financier du Programme des zones en marge du désert (DMP)

World Agroforestry Centre
TRANSFORMING LIVES AND LANDSCAPES

Les titres dans les séries *Occasional Papers* visent à disséminer l'information sur la recherche et les pratiques agroforestières et stimuler un feedback du monde scientifique. Les autres séries du World Agroforestry Centre sont : *Agroforestry Perspectives*, *Technical Manuals* et *Working Papers*.

Citation correcte : Antoine Kalinganire, Bocary Kaya, Amadou Niang, Roeland Kindt, Peter Muraya et Richard Coe (éditeurs). 2005. Caractérisation de la biodiversité ligneuse dans les zones en marge du désert : Manuel de procédures. ICRAF Occasional Paper no. 3. Nairobi : World Agroforestry Centre.

Publié par le World Agroforestry Centre (ICRAF)
Programme Régional Sahel
B.P. 320 Bamako
Mali

Téléphone :	+223 223 5000
Fax :	+ 223 222 8683
Email :	a.niang@cgiar.org
Internet :	www.worldagroforestry.org

ISBN 92 9059 1781

Les éditeurs

Antoine Kalinganire

Chercheur Biodiversité/Domestication
World Agroforesty Centre (ICRAF)
Programme Régional Sahel
B.P. 320 Bamako, Mali
Téléphone : (223) 223 49 30
Fax : (223) 222 86 83
Courrier électronique : a.kalinganire@cgiar.org

Bocary Kaya

Chercheur IER/ICRAF
Programme Régional Sahel
B.P. 320 Bamako, Mali
Téléphone : (223) 223 49 30
Fax : (223) 222 86 83
Courrier électronique: b.kaya@icrisatml.org

Amadou Niang

Coordinateur Régional
World Agroforestry Centre (ICRAF)
Programme Régional Sahel
B.P. 320 Bamako, Mali
Téléphone : (223) 223 50 00
Fax : (223) 222 86 83
Courrier électronique : a.niang@cgiar.org

Roeland Kindt

Chercheur Ecologue
World Agroforestry Centre (ICRAF)
United Nations Avenue
PO Box 30677-00100
Nairobi, Kenya
Courrier électronique : R.Kindt@cgiar.org

Peter Muraya

Spécialiste en Gestion de Bases de Données
World Agroforestry Centre (ICRAF)
United Nations Avenue
PO Box 30677-00100
Nairobi, Kenya
Courrier électronique : P.Muraya@cgiar.org

Richard Coe

Biométricien
World Agroforestry Centre (ICRAF)
United Nations Avenue
PO Box 30677-00100
Nairobi, Kenya
Courrier électronique : R.Coe@cgiar.org

Les auteurs

Antoine Kalinganire

Chercheur Biodiversité/Domestication
World Agroforesty Centre (ICRAF)
Programme Régional Sahel
B.P. 320 Bamako, Mali
Téléphone : (223) 223 49 30
Fax : (223) 222 86 83
Courrier électronique : a.kalinganire@cgiar.org

Bocary Kaya

Chercheur IER/ICRAF
Programme Régional Sahel
B.P. 320 Bamako, Mali
Téléphone : (223) 223 49 30
Fax : (223) 222 86 83
Courrier électronique: b.kaya@icrisatml.org

Amadou Niang
Coordinateur Régional
World Agroforestry Centre (ICRAF)
Programme Régional Sahel
B.P. 320 Bamako, Mali
Téléphone : (223) 223 50 00
Fax : (223) 222 86 83
Courrier électronique : a.niang@cgiar.org

Roeland Kindt
Chercheur Ecologue
World Agroforestry Centre (ICRAF)
United Nations Avenue
PO Box 30677-00100
Nairobi, Kenya
Courrier électronique : R.Kindt@cgiar.org

Peter Muraya
Spécialiste en Gestion de Bases de Données
World Agroforestry Centre (ICRAF)
United Nations Avenue
PO Box 30677-00100
Nairobi, Kenya
Courrier électronique : P.Muraya@cgiar.org

Richard Coe
Biométricien
World Agroforestry Centre (ICRAF)
United Nations Avenue
PO Box 30677-00100
Nairobi, Kenya
Courrier électronique : R.Coe@cgiar.org

Jules Bayala
Chercheur Ecophysiologiste
Institut de l'Environnement et de Recherches Agricoles (INERA)
Département de Productions Forestières
B.P. 7074
Ouagadougou, Burkina Faso
Téléphone : (226) 50 33 40 98
Courrier électronique : jules.bayala@coraf.org

Maguette Kairé
Chercheur Ecologue
Institut Sénégalais de Recherche Agricole (ISRA)
B.P. 2312
Dakar, Sénégal
Téléphone : (221) 832 32 19
Courrier électronique : kaire@ird.sn

Mahamane Larwanou
Chercheur Ecologue
Institut National de Recherche Agronomique du Niger (INRAN)
B.P. 429
Niamey, Niger
Téléphone : (227) 97 34 42
Courrier électronique : m.larwanou@coraf.org

Mamounata Belem
Chercheur Ethnobotaniste
Institut de l'Environnement et de Recherches Agricoles (INERA)
Département de Productions Forestières
B.P. 7074
Ouagadougou, Burkina Faso
Téléphone : (226) 50 33 40 98
Fax : (226) 50 3150 03
Courrier électronique : mamounatabelem@hotmail.com

Table des matières

Avant propos vi

Remerciements vii

1. Introduction 1

1.1 Pourquoi ce manuel de procédures ? 1

1.2 Cadre d'intervention du projet DMP 1

2. Hypothèses de travail 2

3. Méthodologie de collecte de données 4

3.1 Généralités pour toutes les hypothèses 4

3.2 Etat et dynamique de la biodiversité en fonction des unités de gestion 4

3.3 Etat et dynamique en fonction des niveaux de prospérité 4

3.4 Types de données collectées 6

3.5 Equipement pour la collecte de données 13

3.6 Banque de données 14

4. Technique d'échantillonnage 16

4.1 Sélection de villages 16

4.2 Sélection des placettes au niveau village 16

4.3 Technique d'échantillonnage pour les unités faisant l'objet de gestion individuelle 17

4.4 Technique d'échantillonnage pour les unités faisant l'objet de gestion collective 17

5. Gestion de base de données 19

5.1 Généralités 19

5.2 Organisation des données : erreurs et insuffisances 19

5.3 Commandes/fonctions d'une base de données 22

5.4 Tables 23

5.5 Forms 23

5.6 Queries (requêtes) 25

5.7 Reports (Rapports) 26

5.8 Résumé 26

6. Analyse préliminaire des données 26

6.1 Introduction 27

6.2 Analyse régressive 28

6.3 Courbes d'accumulation des espèces 34

6.4 Analyse préliminaire des données 36

7. Conclusions 37

8. Documents de référence et de lecture 37

Annexes 39

Annexe 1 : Type et mode de collecte des données 41

Annexe 2 : Fiche de collecte des données pour la caractérisation de la biodiversité agroforestière dans les sites du DMP 42

Annexe 3 : Rappel des approches des partenaires 45

Annexe 4 : Pourcentage de la longueur donnant la direction de l'échantillon 61

Avant propos

Dans le cadre du programme sur les Zones en Marge du Désert (DMP), le World Agroforestry Centre (ICRAF) en collaboration avec les partenaires de la recherche du Burkina Faso [Institut de l'Environnement et de Recherche Agricole (INERA)], du Mali [Institut d'Economie Rural (IER)], du Niger [Institut National de Recherche Agronomique du Niger (INRAN)] et du Sénégal [Institut Sénégalais de Recherche Agricole (ISRA)], s'est proposé de travailler sur les aspects agroforestiers du projet en se focalisant sur la dimension régionale des activités.

Le programme sur les Zones en Marge de Désert comporte les principales composantes citées ci-après :

- **Le suivi et l'évaluation écologique :** cette composante se focalise sur l'amélioration des connaissances sur les processus physiques qui sont à l'origine de la perte de la biodiversité dans les zones sèches, l'évaluation de l'importance relative des facteurs climatiques et humains et le développement d'indicateurs en matière de perte de la biodiversité et l'amélioration des techniques de suivi.
- **La conservation et l'utilisation durable de la biodiversité :** cette composante regroupe les activités relatives au test participatif des stratégies intégrées de conservation et restauration des agro-écosystèmes dégradés avec les paysans, les communautés rurales, les ONG et les décideurs. Les meilleures pratiques et options technologiques seront identifiées, documentées, évaluées et testées dans certains sites pilotes. La vulgarisation des options prometteuses sera par la suite facilitée.
- **Le renforcement des capacités locales, nationales et sous régionales :** l'accent sera mis sur le renforcement des capacités des institutions et des individus à travailler dans un cadre multidisciplinaire et multi-institutionnel pour concevoir et mettre en œuvre des stratégies harmonisées de gestion intégrée des ressources naturelles et de suivi des facteurs bio-physiques à potentiel élevé d'impact sur la dynamique de la biodiversité.
- **Le développement d'activités d'options alternatives d'existence :** cette composante se propose d'identifier, de documenter et de tester des options alternatives d'existence afin de créer un environnement favorable pour une adoption massive des technologies prometteuses. L'accent sera mis sur le micro-crédit, la transformation et la commercialisation des produits agricoles et forestiers.

Le présent document discute essentiellement les méthodologies de recherche pour la composante de suivi et utilisation de la biodiversité ligneuse. L'essentiel des activités prévues par le manuel est cadré dans sa caractérisation. Dans le cadre de l'élaboration de ce document, l'ICRAF a organisé une réunion de travail pour discuter les points clés à couvrir ainsi que les approches méthodologiques utilisées par chaque pays du DMP. Le document témoigne de façon concrète de la collaboration entre les différentes institutions tant nationales qu'internationales pour un but commun de la valorisation et la conservation de la biodiversité ligneuse des pays sahéliens du DMP.

Remerciements

L'ICRAF et ses partenaires remercient toutes les institutions qui ont bien voulu accepter de mettre en commun et d'harmoniser leurs approches méthodologiques ayant abouti à l'élaboration du présent manuel. Il s'agit des gouvernements du Burkina Faso, du Mali, du Niger et du Sénégal à travers les moyens humains mis à la disposition des structures de recherche (INRAN, ISRA, IER et INERA) et d'éducation (IPDR, UN, UCAD, ENSAH, ENCR, IPR, IDR) de ces pays, de World Agroforestry Centre, IDRC, CRDI, SIDA, UNEP, PNUE et GEF/DMP. Nous remercions également Messieurs Wim Buysee, Ingénieur des Eaux et Forêts, Chercheur au World Agroforestry Centre à Nairobi et Abdoulaye Kamara, Biométricien à l'Institut d'Economie Rurale au Mali, pour leur contribution à la révision de ce manuel.

1. Introduction

Antoine Kalinganire, Amadou Niang, Bocary Kaya

1.1 Pourquoi ce manuel de procédures ?

Ce manuel est le premier d'une série de documents qui seront produits dans le cadre du programme des Zones en Marge du Désert [*Desert Margins Programme* (DMP)] par le World Agroforestry Centre (ICRAF), l'Institut National de l'Environnement et de Recherche Agricoles (INERA) Burkina Faso, l'Institut National de Recherches Agricoles (INRAN) Niger, l'Institut d'Economie Rurale (IER) Mali et l'Institut Sénégalais de Recherches Agricoles (ISRA) Sénégal avec un accent particulier sur les aspects agroforestiers.

Il a été élaboré dans un souci d'harmoniser les approches méthodologiques de caractérisation de la biodiversité ligneuse dans les sites sélectionnés par le programme DMP. Il a été élaboré par les chercheurs des institutions nationales de recherche du Burkina Faso, du Mali, du Niger et du Sénégal avec la collaboration de ceux de l'ICRAF, impliqués dans ces activités de caractérisation de la biodiversité.

L'approche utilisée pour harmoniser ces méthodes de caractérisation de la biodiversité ligneuse comprend les sept groupes d'activités suivants :

1. rappel des approches connues et utilisées par les partenaires sur des études similaires ;
2. formulation d'hypothèses claires à tester dans le cadre du projet ;
3. développement de protocoles basés sur ces hypothèses ;
4. types et mode de collecte des paramètres d'observation ;
5. création d'une base de données pour les données collectées ;
6. saisie, analyse et interprétation des données ;
7. rédaction de rapports nationaux et d'une synthèse régionale.

Le présent manuel qui a été élaboré à l'issue d'une réunion de travail tenue à Bamako (Mali) du 27 au 30 janvier 2004 couvre les trois premiers groupes d'activités avec un accent particulier sur la description de l'approche méthodologique retenue par les participants pour être utilisée dans chacun des sites du projet. Lors de la réunion, les approches de chaque pays ont été présentées (Annexe 3).

1.2 Cadre d'intervention du projet DMP

1.2.1 Cadre politique et réglementaire

Les mesures incitatives dans la direction des paysans et des communautés rurales pour conserver et utiliser les ressources d'une façon durable sont influencées par une gamme variée de facteurs sociaux, économiques et politiques. Le travail qui est initié dans le cadre de cette composante se fera en relation avec les réformes en cours et se concentrera essentiellement sur une meilleure information des décideurs et l'enrichissement des débats.

1.2.2 Vulgarisation des options de gestion durable des ressources naturelles

L'objectif de cette composante est de faciliter l'utilisation à une grande échelle des innovations technologiques intégrées permettant d'augmenter la productivité agricole, forestière et animale et par conséquent, d'assurer la résilience des écosystèmes et d'instaurer la sécurité alimentaire.

1.2.3 Participation des différents acteurs

Cette composante couvre les activités qui doivent assurer la participation de tous les acteurs, plus particulièrement la participation des groupes les plus vulnérables dans la conception, la mise en œuvre, le suivi et l'évaluation des activités du programme.

1.2.4 Domaine d'intervention spécifique de World Agroforestry Centre

Sur l'ensemble des principales composantes, l'intervention de l'ICRAF se concentrera essentiellement sur cinq principales activités de dimension sous régionale avec un ancrage fort au niveau national. La mise en œuvre de ces activités nécessitera une étroite collaboration avec les équipes nationales du programme opérant dans les quatre pays sahéliens sélectionnés (Burkina Faso, Mali, Niger et Sénégal). Les activités concernées sont :

- le développement et la mise en œuvre des méthodes standardisées de caractérisation de l'état et de la dynamique de la biodiversité ligneuse des sites du programme ;
- la synthèse des connaissances sur les innovations agroforestières les plus prometteuses pour la conservation et la restauration durable de la biodiversité ;
- le développement d'une approche méthodologique permettant d'accélérer le processus d'adoption de ces options ;
- l'évaluation des besoins en formation en agroforesterie au niveau sous-régional ;
- l'élaboration de matériel de vulgarisation sur les options technologiques prometteuses.

2. Hypothèses de travail

Amadou Niang, Antoine Kalinganire, Bocary Kaya, Jules Bayala, Maguette Kairé, Mahamane Larwanou, Mamounata Belem

Les hypothèses formulées sont les suivantes :

- l'état et la dynamique de la biodiversité agroforestière ligneuse sont fonction des facteurs climatiques et morphopédologiques ;

  l'état et la dynamique de la biodiversité agroforestière ligneuse sont fonction des écosystèmes forestiers et agroforestiers ;
- l'état et la dynamique de la biodiversité agroforestière ligneuse sont fonction des ethnies et de leurs stratégies de gestion des différentes unités du terroir villageois (champs de case, champs de brousse et espaces sylvopastoraux, etc.) ;

- l'état et la dynamique de la biodiversité agroforestière ligneuse dépendent des modes d'usages (types d'usage et intensité) auxquels sont soumises les ressources/espèces agroforestières ;
- l'état et la dynamique de la biodiversité agroforestière ligneuse dépendent des conditions socio-économiques des populations (niveau de prospérité) et des systèmes de production (culture de subsistance et culture de rente).

Pour aider à développer des protocoles de recherche adaptés, des informations supplémentaires ont été fournies par les participants à la réunion de travail sur les hypothèses qui ont été formulées :

- difficulté de tester la première hypothèse du fait que les sites du programme ont été déjà présélectionnés et l'impossibilité de disposer d'une gamme variée de sites ayant différents facteurs climatiques ou morphopédologiques ;
- certains sites comme au Niger couvrent à la fois des systèmes agroforestiers et forestiers (forêts classées) ;
- la composante ethnique peut être analysée au niveau village (dans les endroits où les principales ethnies se trouvent dans des zones séparées) ;
- cette composante ethnique peut être également étudiée au niveau ménage au sein des villages dans la mesure où l'on peut rencontrer des ménages appartenant à des ethnies différentes au sein de chaque village ;
- il y a une différenciation de l'utilisation de l'espace au sein des terroirs villageois reflétant à la fois les stratégies locales, le niveau de pression sur les ressources ; cette différenciation qui dépend des ethnies pourrait avoir un impact significatif sur l'état des ressources agroforestières ;
- les modes d'utilisation (prélèvement) de cette biomasse ligneuse et l'intensité des prélèvements auraient des impacts sur l'état du capital de biodiversité existant au sein du terroir ;
- l'importance stratégique des ressources agroforestières surtout pour la frange la plus pauvre de la population et pendant les périodes de soudure ou de famine ;
- les potentialités de régénération naturelle au sein des systèmes agroforestiers à parcs varient significativement quand on est dans les systèmes de culture manuelle de subsistance (mil, sorgho) ou dans les cultures attelées de rente (coton, arachide).

Vu le mandat et l'étendue limités des activités du projet DMP, ce manuel se limite aux hypothèses suivantes : état et dynamique de la biodiversité en fonction des unités de gestion, et l'état et dynamique en fonction des niveaux de prospérité.

Suite à la formulation des hypothèses et des objectifs à atteindre dans le cadre des activités du projet, l'équipe a fait la proposition suivante : harmoniser à l'échelle des pays collaborateurs/sites de collecte, le stockage et l'analyse des données.

3. Méthodologie de collecte de données

Antoine Kalinganire, Bocary Kaya, Peter Muraya, Jules Bayala, Maguette Kairé, Mahamane Larwanou, Mamounata Belem

3.1 Généralités pour toutes les hypothèses

Dans un premier temps, une réunion sera organisée au niveau du village avec les villageois pour clarifier les objectifs de l'exercice, avoir l'adhésion et la participation des populations. Après ce préalable, il sera procédé à l'harmonisation des termes et concepts utilisés par tous les acteurs.

Le terroir villageois et les unités territoriales ou de gestion sont délimitées sur du papier par un groupe d'hommes et de femmes du village en utilisant les outils de la méthode accélérée de recherche participative (MARP) adaptés aux objectifs de l'étude et plus précisément une carte des ressources simplifiée. Une confirmation sera faite sur le terrain en parcourant les contours du terroir et des unités à pied ou à moto avec un paysan ou un groupe de paysans. A l'aide d'un GPS, les longitudes et les latitudes au niveau des angles de chaque unité de gestion sont relevées ainsi que les coordonnées des objets qui constituent des repères, tels que les pistes, les points d'eaux, les ponts, etc.

Les coordonnées sont prises dans le système de projection longitude/ latitude WGS 84, avec un GPS GARMING en mode absolu. La carte du terroir est par la suite établie à l'aide du logiciel MapInfo à partir de ces coordonnées. Ce logiciel permettra de reproduire la carte du terroir selon les limites déterminées par le village, de faire une représentation spatiale des différentes unités de gestion qui le composent et de déterminer la surface de chacune d'elles.

3.2 Etat et dynamique de la biodiversité en fonction des unités de gestion

Les unités de gestion les plus fréquemment rencontrées dans les terroirs villageois en fonction des ethnies et religions sont : les concessions ou habitations, les champs de case autour des concessions, les champs de brousse un peu plus éloignés, la zone sylvopastorale ou zone de parcours qui sert de pâturage et d'approvisionnement en divers produits ligneux et autres (Figure 3.1). En outre l'on peut aussi y rencontrer des forêts classées et/ou protégées, des bois sacrés, des plantations (vergers et bosquets), des couloirs de transhumance ou passage d'animaux, etc.

3.3 Etat et dynamique en fonction des niveaux de prospérité

3.3.1 Généralités

La classification par niveau de prospérité a pour but d'identifier les différentes classes de prospérité du village, de connaître les critères locaux de « richesse et de pauvreté », d'identifier les caractéristiques et les ressources de chaque groupe. La première étape consiste à dégager les caractéristiques de niveau de vie, c'est-à-dire de définir les critères de

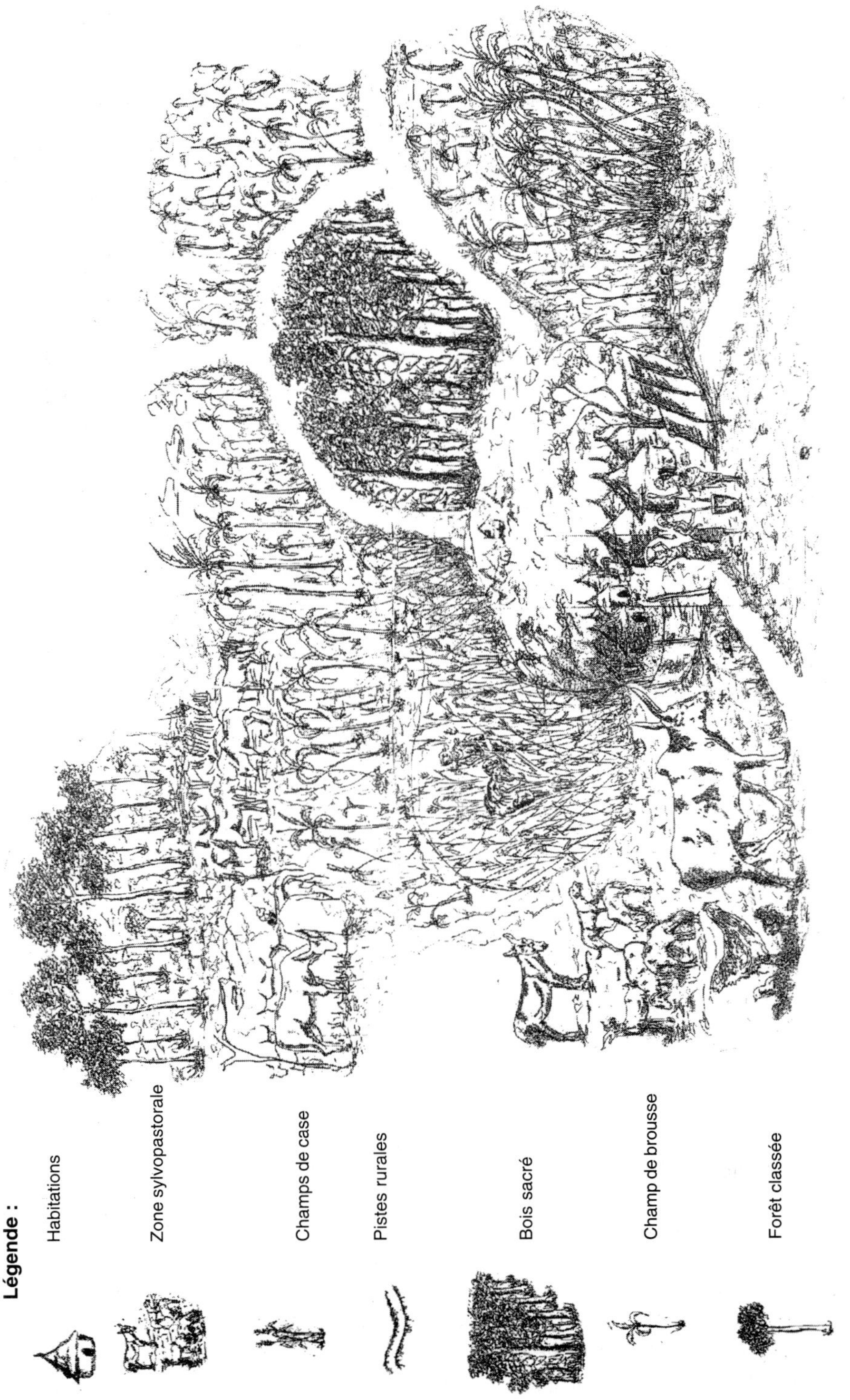

Figure 3.1 : Esquisse de l'organisation type d'un terroir villageois dans la région de Ségou, Mali

prospérité. La deuxième étape consiste à identifier les familles les plus nanties et les plus démunies selon ces critères. La classification selon le niveau de prospérité est un outil extrêmement sensible dont la mise en œuvre nécessite au préalable l´instauration d´un véritable climat de confiance entre le chercheur et la population. Une fois ce climat de confiance instauré, le processus peut se faire d'une manière participative par le biais d'assemblées villageoises regroupant toutes les couches socio-économiques et professionnelles présentes dans le village.

Cette classification de type qualitatif peut être soutenue par une enquête dont l'objectif sera de quantifier tous les biens matériels, financiers et autres caractéristiques qui seront tirés des critères de différenciation socio-économiques. Cette classification par niveau de prospérité sera appliquée sur l'ensemble des ménages du village.

3.3.2 Echantillonnage en fonction des niveaux de prospérité

On tirera au hasard 5 paysans par classe de prospérité et on procèdera aux inventaires et mensurations de tous les ligneux se trouvant sur l'ensemble des champs de chacun par unité de gestion. On procédera chaque fois à une sélection de paysans appartenant à la même classe de prospérité et ayant un ou des champs dans chaque unité de gestion (cf. tableau 3.1). Il est préférable de se focaliser sur des niveaux contrastés nantis et démunis et des unités de gestion où la pression est forte (habitations, champs de case, de village et de brousse). Cette stratégie permettra non seulement de comparer l'état de la biodiversité entre différentes classes de prospérité mais aussi entre différentes unités de gestion au sein de la même classe.

Les détails sur la taille de l'échantillon par niveau de prospérité ainsi que le mode d'échantillonnage sont donnés au chapitre 4.

3.4 Types de données collectées

Selon les hypothèses formulées, une série de données sera collectée sur terrain. Les types et modes de collecte des données sont présentés en annexe 1 et la fiche de collecte en annexes 1 et 2.

Les données sont collectées pour chaque village. Cependant, certaines données sont uniquement collection-

Tableau 3.1 Configuration de classes de prospérité et d'unité de gestion pour l'état et la dynamique de la biodiversité

Unité de gestion / Niveau de prospérité	Habitations (H)	Champs de case (CC)	Champs de village (V)	Champs de brousse (CB)
Nantis (N)	NH	NC	NV	NB
Moyennement nantis (M)	MH	MC	MV	MB
Démunis (D)	DH	DC	DV	DB

nées pour le site de référence au niveau de chaque ménage, au niveau de chaque quadrat séparément ou pour chaque arbre. Comme les données sont hiérarchisées, il est recommandé de les saisir dans une banque de données (section 3.6).

La structure des données est la suivante :

Niveau site du projet
- Niveau village
  - Niveau paysan ou ménage
    - Niveau placette
      - Niveau arbre

3.4.1 Niveau site du projet

- *Nom du site*
  Pays, Région, Cercle/province/département, Arrondissement/sous-préfecture/département ; Commune rurale/communauté rurale.

L'information sur l'identité administrative du site peut être obtenue à partir des cartes et/ou demandée à la population locale. Pour éviter des conflits d'appellation et d'appartenance, utilisera si possible les termes communs à l'administration locale :

- *Pluviosité annuelle* (moyenne sur plusieurs années)
- *Température* (maximum, minimum, moyenne).
  La pluviosité et la température sont obtenues à partir de publications, cartes et/ou de la station météo-rologique la plus proche.
- *Densité de la population de la zone*
  Cette information est obtenue à partir des publications et/ou des rapports de recensement de la population. La densité est déduite de la taille totale de la population et de la superficie du village.
- *Groupe ethnique autochtone*
  Information obtenue lors de l'enquête. Il s'agit du groupe ethnique qui a fondé le village.
- *Groupe ethnique dominant*
  Cette information est obtenue à partir des autorités administratives. L'ethnie dominante doit avoir plus de 50 % de la population totale.
- *Types d'écosystèmes concernés* (agroforestier, forestier)
  Forestier = forêt classée, bois sacré
  Agroforestier = parcs agroforestiers et terrain cultivé.

3.4.2 Niveau village

- *Localisation géographique* : co-ordonnées du centre du village (latitude et longitude)
  Les coordonnées sont prises dans le système de projection longitude/latitude WGS 84, avec un GPS GARMING en mode absolu. Ces coordonnées vont faciliter la confection de la carte du village et permettra de calculer les distances entre différents points du village.
- *Altitude*
  L'altitude (en mètres au-dessus du niveau de la mer) est mesurée à l'aide d'un GPS GARMING ou d'un altimètre d'une variation de 0-5.000 m. L'usage d'un altimètre est recommandé car plus précis qu'un GPS.

- *Superficie totale*
  Si les limites du village sont enregistrées par un GPS, différents calculs dont la superficie totale du village peuvent être déduits. Les calculs se font à l'aide du Système d'Information Géographique (SIG).

- *Population totale*
  L'information peut être obtenue à partir des publications et rapports de recensement de la population. Le chef du village tient, éventuellement, un registre de la population du village donnant des informations plus précises et plus récentes.

- *Groupe ethnique dominant*
  Cette information est obtenue auprès du chef du village lors de l'enquête. L'ethnie dominante doit avoir plus de 50 % de la population totale.

- *Groupe ethnique autochtone*
  Cette information est obtenue auprès du chef du village lors de l'enquête. Elle doit être le groupe ethnique fondateur du village concerné.

- *Noms des unités de gestion identifiées*
  Les unités de gestion peuvent être : habitations, champs de case, champs de brousse, zone sylvo-pastorale ou zone de parcours, forêts classées, bois sacrés, plantations (vergers et bosquets), couloirs de transhumance ou passage d'animaux.

- *Superficie par unité de gestion*
  Si les limites du village sont enregistrées par un GPS, différents calculs servant à évaluer la superficie totale du village peuvent être déduits. Les calculs se font à l'aide du Système d'Information Géographique (SIG).

- *Type et intensité d'utilisation des espèces se trouvant dans le terroir*
  Les types et intensités d'utilisation des espèces sont obtenus lors de l'enquête. On établit une liste des utilisations les plus fréquentes au village avec les espèces correspondantes. Exemples des utilisations les plus fréquentes : bois de feu, fruits, médicaments, bois de service, ombrage, etc.

3.4.3 Niveau ménage

- *Nom et taille du ménage échantillonné*
  Cette information est obtenue auprès de l'exploitant lors de l'enquête. Seul le niveau de prospérité est obtenu avant l'enquête lors de l'exercice de classement par niveau de prospérité pour tout le village. Les informations suivantes sont obtenues auprès de l'exploitant :
  - Nom de l'exploitant :
  - Age de l'exploitant :
  - Statut de l'exploitant [chef de l'Unité de Production Agricole (UPA) ou chef de ménage]
  - Niveau d'instruction :
  - Statut foncier :
    ❑ propriétaire ❑ non-propriétaire
  - Sexe de l'exploitant :
  - Ethnie de l'exploitant :
  - Niveau de prospérité du chef de ménage :

- Nombre total de personnes dans le ménage :
- Nombre d'actifs dans le ménage :
  Homme :
  Femme :
  Enfant :
- Nombre d'inactifs dans le ménage :
  Homme :
  Femme :
  Enfant :
- Nombre d'immigrants dans le ménage :
  Homme :
  Femme :
  Enfant :

- *Niveau de prospérité*
  Les classes de prospérité sont basées sur les richesses de l'exploitant ou celles du chef de l'UPA. Elles sont définies lors d'un exercice séparé visant à déterminer les classes de prospérité de tous les exploitants ou chefs d'UPA du village.

3.4.4 Niveau de la parcelle

Toutes les données au niveau de la parcelle sont collectées lors de l'enquête.

- *Système de codification de la parcelle (code)*
  La première lettre du code est le pays concerné (exemples : B : Burkina Faso; S : Sénégal ; M : Mali, et N : Niger), suivi d'un numéro du village (1, 2, 3,...) et enfin un code de la placette. Par exemple M1 P2, est la deuxième placette du premier village au Mali.

- *Unité de gestion concernée*
  Des quadrats sont installés dans chacune des unités de gestion au niveau village. Les catégories potentielles sont les suivantes :
  - Habitation
  - Champs de case
  - Champs de brousse
  - Vergers
  - Zone sylvopastorale/parcours
  - Forêts classées
  - Bois sacrés

- *Localisation de la placette de l'échantillon :* coordonnées (longitude, latitude, altitude)
  Les coordonnées sont prises dans le système de projection longitude/ latitude WGS 84 avec un GPS GARMING en mode absolu. La lecture se fait au centre du quadrat. Un minimum de quatre satellites est recommandé pour de telles informations, spécialement pour l'altitude. De préférence, un altimètre est utilisé pour la mesure de l'altitude.

- *Topographie*
  La topographie d'une placette peut se catégoriser comme un plateau, escarpement, un glacis ou un bas-fond.

- *Types de sols rencontrés*
  Information obtenue à partir des publications et rapports et des cartes des sols. Le système de classification des sols FAO-UNESCO est recommandé. La mention du type de sols selon

l'appellation de la population locale est aussi nécessaire.

- *Texture du sol*
  Cette information est obtenue à partir des rapports et publications. Sinon, l'enquêteur pourrait faire ses estimations.
  Sableux : sol reste détaché et peut seulement être entassé en pyramide.
  Limono-sablonneux : sol peut être façonné en ballon qui se défait facilement.
  Limoneux : sol peut être façonné en un cylindre de 15 cm de long qui se casse une fois courbé.
  Limono-argileux : cylindre peut être courbé sous forme de U, mais au plus sans être cassé.
  Argileux : cylindre peut être courbé sous forme de cercle.

- *Profondeur du sol*
  La profondeur du sol est un facteur difficile à estimer sauf si on fait recours à un profil pédologique. Sinon, l'information peut être obtenue lors de l'enquête auprès de l'exploitant (profond, pas profond). Le sol peut ainsi être décrit comme dénudé, affleurement latéritique/présence de grés ou sol arable.

- *Spéculation pratiquée*
  L'information peut être obtenue lors de l'enquête. Les types de spéculation suivants sont donnés comme exemples : le mil, le coton, le sorgho, des manguiers, des bananiers, etc. Un champ de mil cultivé dans un champ de case.

3.4.5 Niveau des arbres

Toutes les données sont collectées lors de l'enquête sur le terrain.

- *Numéro du pied*
  Il s'agit de toute espèce ligneuse rencontrée dans la placette. Un arbre est défini comme une plante individuelle ligneuse issue d'une graine, d'une bouture ou d'une autre forme de multiplication végétative, génétiquement identifiable.

Il n'est pas toujours facile de déterminer si plusieurs tiges proviennent d'une même souche ou pas. En plus, il n'est pas envisageable de déterrer tous les arbres lors de l'enquête pour vérifier cette information. En cas de doute, il faut traiter chaque tige comme étant un pied indépendant.

Les numéros de pied sont donnés consécutivement à tous les arbres de la placette en commençant par le no. 1. Par exemple, le troisième arbre du deuxième quadrat du premier village du Sénégal a le numéro suivant : S1P2T3. Ce code est unique pour chacun des arbres inventoriés.

- *Nom de l'espèce*
  Sur le terrain, l'espèce est identifiée à partir des flores de la région ou d'autres documents de référence déjà publiés. Des herbiers peuvent être utilisés au cas où l'espèce n'est pas connue. Un nom vernaculaire peut être enregistré au cas où le nom scientifique n'est pas connu.

- *Types d'arbre*
  Drageons : arbre issu d'une racine d'un pied-mère
  Semis : arbre issu de semi-naturels et/ou issu d'un plant élevé en pépinière
  Rejet : arbre issu d'une souche d'un pied-mère

- *Diamètre arbre (d > 5 cm)*
  Pour des arbres ayant un diamètre supérieur à 5 cm, le diamètre est mesuré à 1,30 m du sol. Il est mesuré s'il y a seulement une seule tige atteignant ce diamètre à 1,30 m et est enregistré à 0,1 cm près. Sinon, il faut enregistrer tous les diamètres des autres tiges. Les scénarios possibles de mesures de diamètres sont illustrés par la figure 3.2. Le diamètre à 1,30 m est mesuré à l'aide d'un compas forestier ou d'un ruban-diamètre perpendiculairement à l'axe de l'arbre. Si l'arbre est penché, il faut corriger l'axe et mesurer le plus horizontalement possible (Figures 3.2 & 3.3).

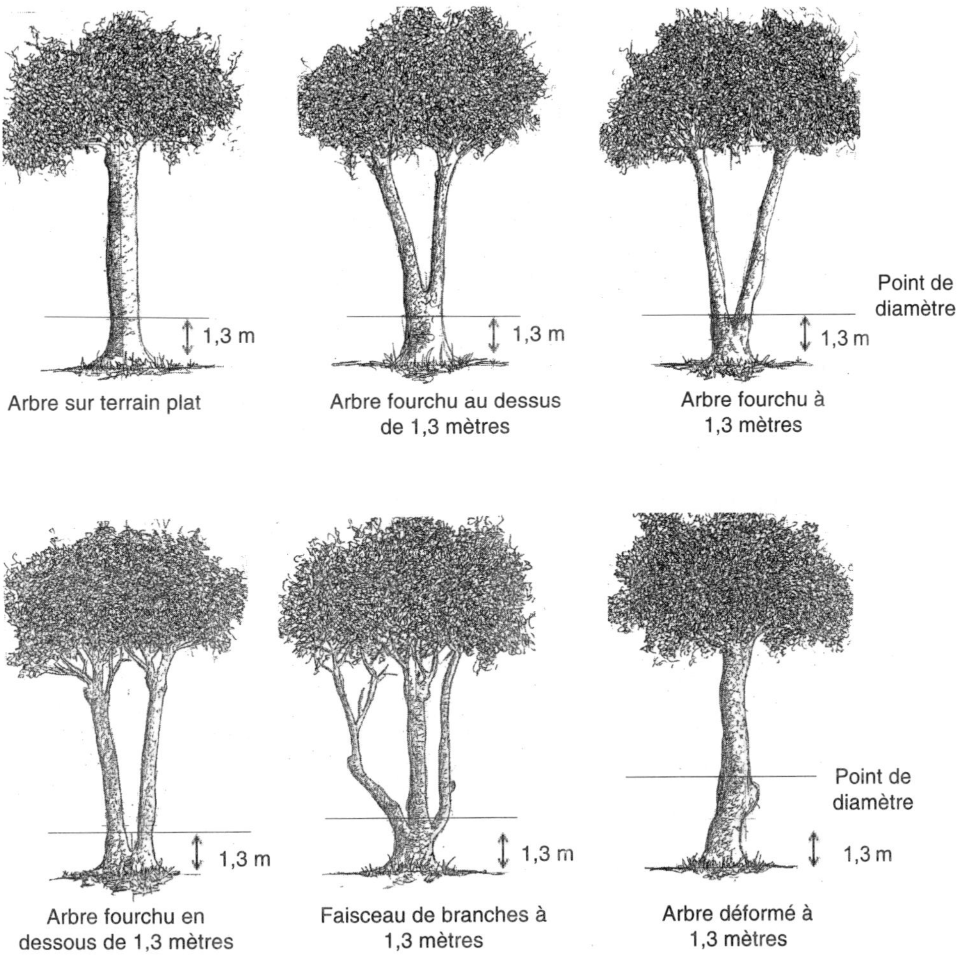

Figure 3.2 : Positions de mesure de diamètre pour différents types d'arbres

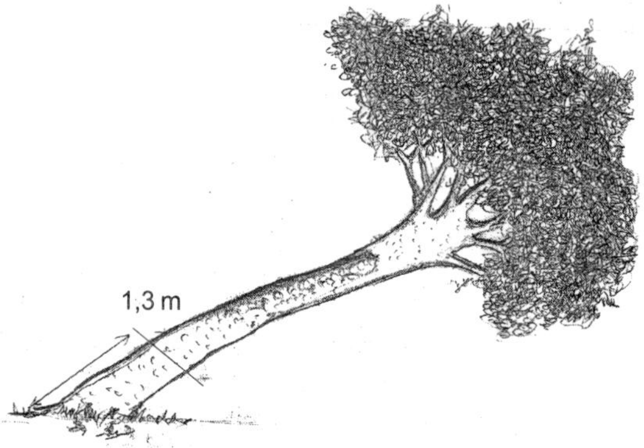

Figure 3.3 : Exemple d'une position de mesure de diamètre pour un arbre penché

- *Diamètres des rejets et des tiges (d < 5 cm)*
  Pour les rejets ou brins, le diamètre est mesuré à 0,30 m pour chaque rejet mesuré (Figure 3.4). Le nombre de valeurs de diamètres enregistré est égal au nombre de tiges ou brins. Pour les équipements de mesures, les compas forestiers et/ou ruban diamètres sont utilisés. Cependant, pour les arbres aux petits diamètres, les verniers à coulisses sont plus précis s'ils sont disponibles.

- *Types d'attaque*
  Attaques par les maladies, insectes ou animaux. Les attaques sont déterminées sur le terrain.

- *Niveau d'attaques*
  Degré d'attaques :
  0 = pas attaqué,
  1 = <50 %,
  2 = 50-75 %,
  3 = trop attaqué >75 %.

  Le pourcentage estimé sur le terrain par les agents représente le taux de l'arbre endommagé (rapport biomasse/volume total de l'arbre) par les insectes et/ou les maladies. Cependant, pour des raisons pratiques, dans la base de données, on peut ajouter une colonne sur les attaques avec deux codes : '0', pas de dégâts visibles ; et '1', dégâts visibles avec incidences potentiellement

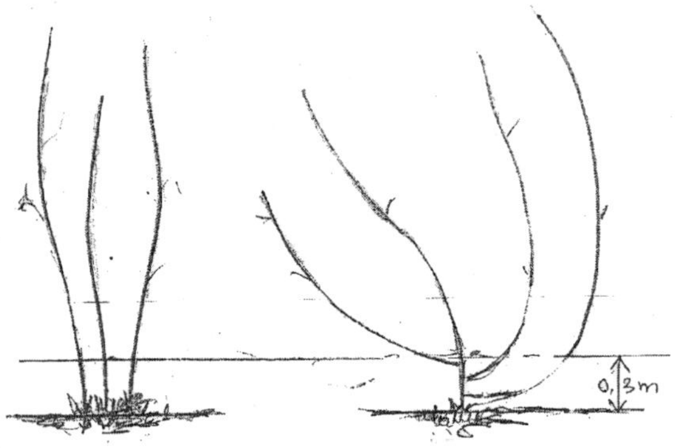

Figure 3.4 : Exemples d'une position de mesure de diamètre pour des rejets ou brins

négatives sur la croissance et/ou sur la survie de l'arbre.

- *Mortalité*
  Si un arbre est mort sur pied il faut le marquer par 'M'. Il faut bien préciser dans la colonne observation les causes de la mortalité (par exemple : cerné, brûlé, déraciné, coupé ou mort naturelle). La cause probable de la mortalité est déterminée sur le terrain. L'exploitant peut donner cette information s'il est présent lors de l'enquête.

- *Niveau de coupe*
  0 : pas coupé,
  1 : <50 %,
  2 : >50 %,
  3 : totalement coupé.
  Le pourcentage de coupe est donné par rapport à la hauteur totale de l'arbre. Observation à collecter pour les arbres et non pour les rejets.

3.5 Equipement pour la collecte de données

3.5.1 Fiche de collecte de données

La fiche de collecte de données est donnée en Annexe 2.

Chaque fiche doit avoir un numéro (code) unique pour chaque quadrat. Après l'enquête, la fiche est gardée dans un endroit sûr. Des copies sont faites et gardées dans une place différente pour éviter des pertes dues au vol, incendies, etc.

3.5.2 Autres équipements

Les équipements et matériels donnés dans le tableau 3.2 sont essentiels pour la caractérisation de la biodiversité dans les conditions sahéliennes.

Tableau 3.2 Equipements de terrain essentiels pour la caractérisation de la biodiversité au Sahel

No.	Nom de l'équipement	Type de données collectées/utilisations
1	GPS (Système Positionnement Global)	Enregistrement des coordonnées géographiques du terroir, des unités de gestion et des parcelles
2	Mètres ruban (50m long)	Délimitation des placettes
3	Ruban diamètre (ou circonférence) 10-15 m	Mesures de diamètres (ou circonférence) d'arbres
4	Ruban diamètre (ou circonférence) 1,5 m	Mesures de diamètres (ou circonférence) d'arbustes ou arbrisseaux
5	Coupe-coupe (ou machette)	Nettoyer le passage et autour des arbres
6	Fiches d'inventaire	Saisie de données sur le terrain
7	Flores et livres d'identification d'espèces	Identification des espèces
8	Bottes	Protection des pieds
9	Equipement de premier secours	Premier secours (inclus insecticides)
10	Bidons d'eau	Assez d'eau pour toute l'équipe
11	Chapeau	Protection contre le soleil
12	Corde (50 m)	Délimitation des placettes
13	Piquets en bois	Matérialiser les limites des placettes

3.6 Banque de données

Pour mieux suivre la section sur la banque de données, il est nécessaire d'avoir les connaissances de base du logiciel Access. Pour tirer profit de ce manuel et pour obtenir de bons résultats, il est ainsi conseillé que le gestionnaire de la base de données ait une formation avancée en Access.

Les données collectées sont emmagasinées dans la banque de données. La banque de données sert également d'outil de vérification et de préparation de données pour l'analyse.

Une banque de données sur base du logiciel 'Access' a été développée sur des fiches de collecte de données. Des exemples sont présentés.

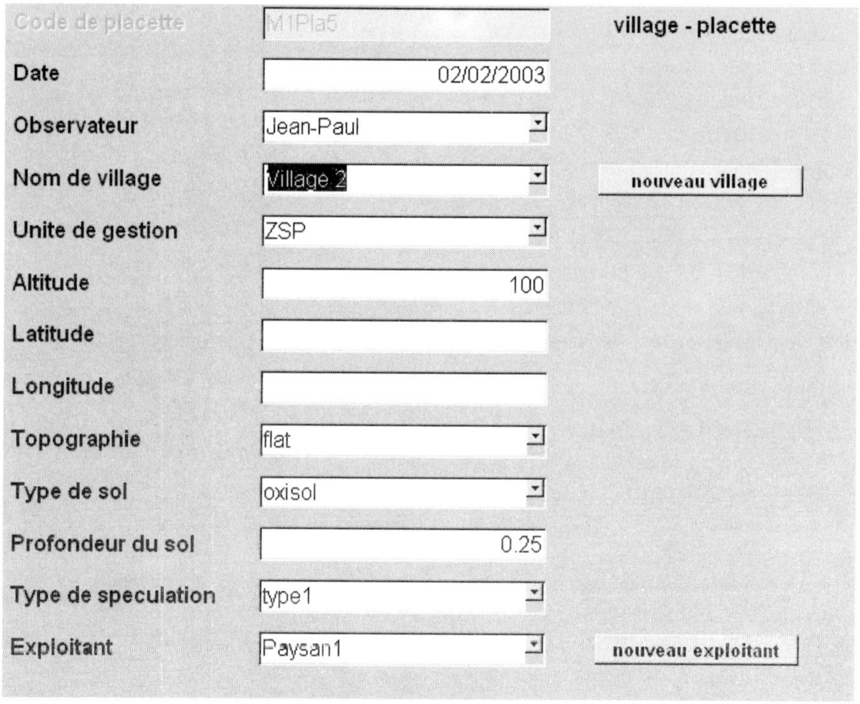

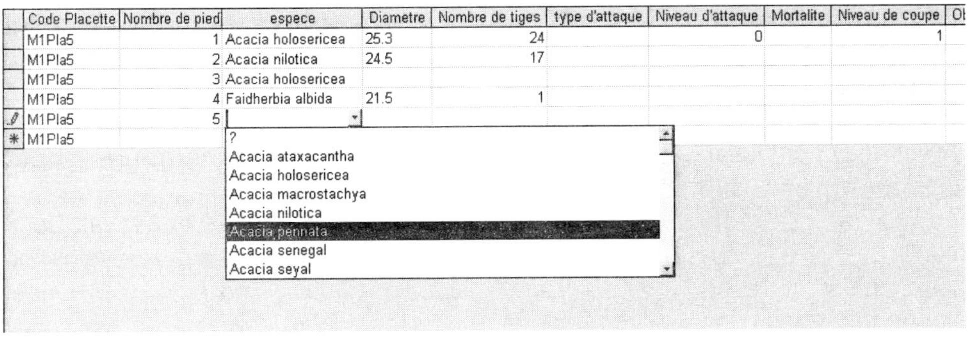

Code Placette	Nombre de pied	espece	Diametre	Nombre de tiges	type d'attaque	Niveau d'attaque	Mortalite	Niveau de coupe	Ol
M1Pla5	1	Acacia holosericea	25.3	24		0		1	
M1Pla5	2	Acacia nilotica	24.5	17					
M1Pla5	3	Acacia holosericea							
M1Pla5	4	Faidherbia albida	21.5	1					
M1Pla5	5								
M1Pla5									

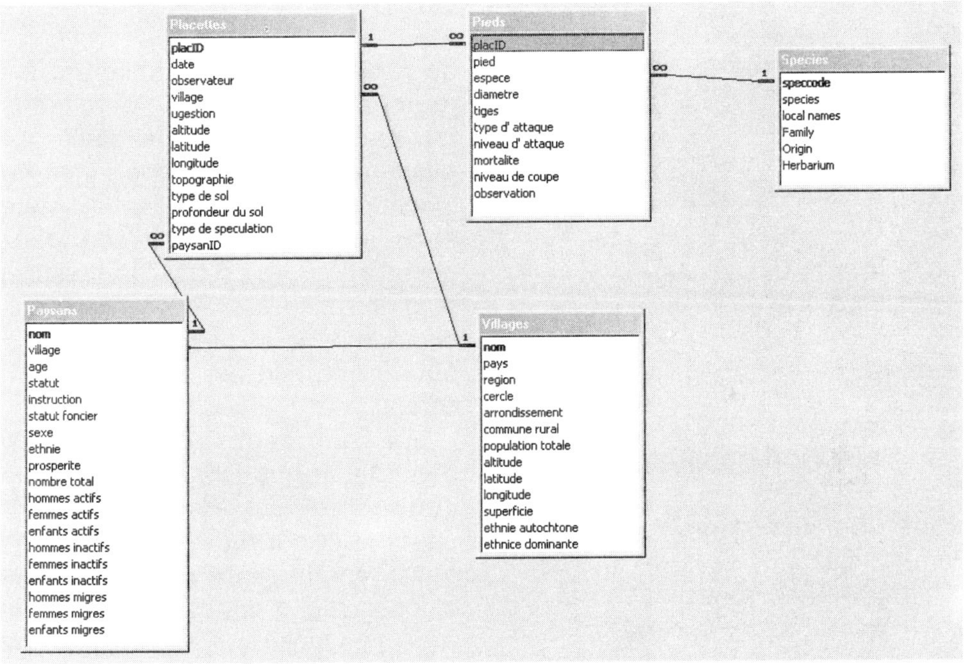

4. Technique d'échantillonnage

Roeland Kindt, Bocary Kaya,
Richard Coe, Antoine Kalinganire

Cette technique détermine la manière dont seront choisies les placettes de mesure au niveau de chaque site de référence. Des sites de référence ont déjà été choisis par le DMP (Tableau 4.1) selon un certain nombre de critères.

Tableau 4.1 Sites de référence pour le projet DMP au Sahel

Pays	Sites de référence
Burkina Faso	Tougouri, Plateau Central, Banh
Mali	Gao
Niger	Mayahi-Baban Rafi, Koure
Sénégal	Diourbel, Fatick, Kaolack, Thiès

4.1 Sélection de villages

Nous sommes intéressés par la caractérisation de sites de référence et ne croyons pas qu'un seul village soit représentatif de l'ensemble. De ce fait, sélectionner un minimum de deux villages par site de référence selon la méthode suivante :

- dresser la liste de tous les villages dont le territoire est entièrement inclus dans l'aire du site de référence tout en écartant ceux dont une partie du territoire est en dehors de l'aire. Un site de référence est caractérisé par un seul système de culture ;
- de cette liste, sélectionner deux villages au hasard.

4.2 Sélection des placettes au niveau village

Nous adoptons une technique d'échantillonnage stratifié. Cette technique d'échantillonnage vise à obtenir des données équilibrées, c'est-à-dire que chaque unité aura le même nombre de placettes d'observation. L'analyse de données équilibrées est un outil très puissant pour déceler des différences entre les catégories à l'aide de l'analyse de variance (ANOVA) et des techniques de régressions. En équilibrant les données, l'on évite une sous représentation des petites unités de gestion ayant un nombre limité de placettes. Particulièrement, lorsque l'on n'a qu'une ou seulement deux observations (placettes de mesure) pour une unité donnée, il ne serait pas possible de la comparer et de dire si oui ou non elle est statistiquement différente des autres plus vastes.

En adoptant une technique d'échantillonnage aléatoire, nous obtiendrons un échantillon non-équilibré et chaque unité de gestion aura un nombre de placettes d'observations qui serait en rapport avec sa superficie. Par exemple, une unité qui représente 80 % de la surface totale du territoire obtiendrait 80 % du total des placettes (ou échantillons) d'observation. Généralement, cette approche conduit à un nombre de placettes des petites unités pas suffisant pour une analyse statistique comparative avec les grandes unités.

Nous visons à obtenir le même nombre de placettes d'observation pour chaque combinaison de classe de prospérité et d'unité de gestion.

C'est pour cette raison que nous avons opté pour une technique d'échantillonnage stratifiée. Les strates, dans notre étude, étant les classes de prospérités des populations et les unités de gestion des sites de référence. Néanmoins, il y a des espaces qui font l'objet de gestion collective. Pour ces derniers, nous pouvons seulement stratifier par unité de gestion et non par classe de prospérité. Pour ces cas, une autre technique d'échantillonnage sera adoptée.

4.3 Technique d'échantillonnage pour les unités faisant l'objet de gestion individuelle

- Faire l'esquisse d'une carte du terroir indiquant les différentes unités de gestion.
- Dresser la liste de toutes les exploitations du village et procéder à un classement par niveau de prospérité en groupant les exploitations en trois classes (les riches, les moyennement riches et les démunis).
- Sélectionner de façon aléatoire cinq exploitations par classe, soit 15 au total.
- Dresser la liste de tous les champs de chacune des exploitations tout en indiquant l'unité de gestion où ils sont localisés (par exemple champs de case ou champs de brousse).
- Demander à chaque exploitation d'indiquer la position approximative de chaque champ sur la carte du terroir déjà établie.
- De façon aléatoire, sélectionner un champ par exploitation et par unité de gestion.
- Matérialiser une placette de mesure de 50 m x 25 m dans le champ.

4.4 Technique d'échantillonnage pour les unités faisant l'objet de gestion collective

Les unités faisant l'objet de gestion collective sont la zone sylvopastorale (par exemple les jachères de longue durée et la zone de pâturage), vergers, bosquet villageois, forêt sacrée et forêt classée.

Choix des paysans

Sur le terrain, la sélection des paysans pourrait être faite très aisément, le nom de chaque paysan est inscrit sur une carte. Une façon de faire la classification des exploitations par niveau de prospérité consiste à dresser la liste complète des exploitations et demander à des personnes ressources du village de les répartir entre les trois classes. La même liste pourrait être utilisée pour faire la sélection aléatoire des exploitations. Pour ce faire, séparer les cartes par catégories, les battre et ensuite en tirer 5 de chaque au hasard pour représenter les exploitations de l'échantillon. Pour un nombre limité d'exploitations (par exemple < 20), l'on peut préparer 20 cartons numérotés de 1 à 20, bien les mélanger et en tirer 5 au hasard sans remise. Retenir les exploitations ayant des numéros correspondants à ceux des 5 cartons tirés. Si par hasard, le numéro d'un carton tiré est supérieur au nombre de paysans, l'ignorer et en faire un autre tirage. Une autre méthode serait d'utiliser un jeu de 52 cartes numérotées de 1 à 52 puis procéder comme plus haut.

La zone sylvopastorale et jachères de longue durée, ne doivent pas semer la confusion et de rattacher les jachères de longue durée à l'unité dite 'champs de brousse', unité qui doit également inclure les jachères (de courte, moyenne et de longue durée). La méthode d'échantillonnage dans les unités de gestion collective est discutée dans la figure 4.1.

- Prendre un point au centre apparent de l'unité de gestion.
- Coïncider le zéro de la boussole (à partir du centre) avec le nord géographique 'N'.
- Choisir au hasard un chiffre d'un lot de 1 à 1000 (sans remise). Ce chiffre, dans l'abaque fourni avec le protocole (Annexe 4), donne un angle entre 0 et 360° (direction) et pourcentage de longueur.
- A l'angle obtenu par la lecture de la table, tracer une ligne droite du centre jusqu'au bord de l'unité de gestion.
- Mesurer cette distance 'D', multiplier D par le pourcentage de longueur lu sur la table, on obtient 'd' qui correspond au centre de l'échantillon de prise des données biophysiques des ligneux.
- Estimer un échantillon pour l'unité en étude. Un taux d'échantillonnage de 5 % est approprié pour une telle étude. La taille idéale pour les placettes de mesure est de 50 m x 25 m soit 1250 m^2. Pour une unité de 25 ha on aura un total de 10 placettes.
- Choisir les autres placettes à partir du point central de l'unité de gestion et en choisissant au hasard les chiffres d'un lot de 1 à 1000 (sans remise) comme décrit ci-dessus. Les mesures et observations porteront sur : le nom des espèces, le nombre de pieds par espèce, le nombre total d'espèces et de pieds par unité de gestion, les mesures classiques forestières (diamètre à 1.3 m, hauteur totale, nombre de brins, et type/nature de la régénération), fiche de collecte des données en annexe 3.

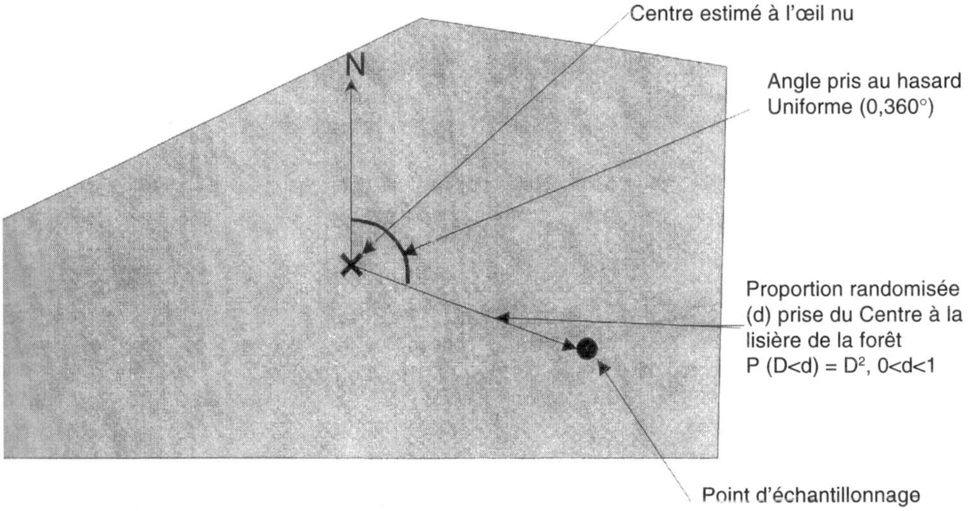

Figure 4.1 : Procédure d'échantillonnage dans les unités de gestion collective

5. Gestion de base de données

Peter Muraya, Roeland Kindt

5.1 Généralités

La gestion de base de données de la recherche est importante pour plusieurs raisons, dont certaines sont internes et d'autres externes à l'environnement de la recherche. Les exemples suivants illustrent des situations où une bonne stratégie de gestion planifiée d'une base de données pourrait être utile :

- satisfaction des besoins en partage de données de collègues travaillant dans le cadre d'un vaste projet collaboratif avec des chercheurs de disciplines différentes ;
- de nos jours, des journaux électroniques encouragent et dans certains cas exigent même que toutes les données primaires qui ont servi à tirer les conclusions d'une étude soient rendues disponibles sous une forme acceptable pour que l'article qui en a découlé soit accepté pour publication;
- de plus en plus, certains bailleurs de fonds conditionnent leur financement à l'accès public aux données générées immédiatement après la fin du projet.

Tout comme les raisons externes justifiant notre souci de gestion de base de données, les raisons internes sont autant persuasives. La qualité scientifique des résultats et l'efficacité pour les obtenir pourraient être affectées par la manière selon laquelle les données ont été gérées – dès la conceptualisation des questions de recherche, à la collecte, au stockage, à la manipulation, à l'analyse des données et à la rédaction – (spécialement pour des études de longues durées).

Correctement utilisée, l'approche de base de données peut assurer des données de haute qualité, une manipulation efficiente et une préservation des données bien après la fin d'un projet. Cependant, pour une utilisation efficiente, les concepts clés ne sont pas aisément cernés en utilisant une feuille quadrillée. Les étudiants en classes de bases de données n'arrivent souvent pas à percevoir l'application de ce qu'ils apprennent à leur travail – car les exemples utilisés pour illustration proviennent rarement d'un environnement scientifique. Ce chapitre vise à expliquer d'importants concepts de bases de données en termes d'opérations de gestion de données scientifiques pour permettre aux chercheurs d'apprendre à utiliser correctement des bases de données en vue de créer une stratégie robuste et efficiente garantissant des données de qualité tout le long du processus de recherche.

5.2 Organisation des données : erreurs et insuffisances

Certaines données, à cause de leur configuration, sont difficiles à manipuler et d'autres pourraient aisément conduire à des résultats fallacieux si elles sont utilisées sans précaution dans certaines activités routinières de gestion de base de données. Des exemples sont présentés dans cette section pour illustrer ce problème.

Le Tableau 5.1 est extrait d'une grande base de données générée par une étude de la biodiversité d'espèces ligneuses au Sud de l'Ouganda. Cette structuration est bien indiquée pour présenter les données sous forme de rapport fini à imprimer; mais elle n'est pas appropriée pour des données brutes devant être davantage manipulées car les résultats seraient erronés.

Il y a très peu de données brutes qui soient prêtes pour un rapport fini sans subir au préalable une forme de manipulation intermédiaire. Supposons que l'opérateur ou le gestionnaire de la base de données, pour une raison ou une autre, souhaiterait présenter les mêmes données mais triées en fonction du nombre décroissant des arbres. Le résultat tel que présenté dans le tableau 5.2(a) est faux. Avec ce simple tri le nombre de pieds de l'exploitation 1002 a varié de 9 à seulement 3! Ce tri a tout d'un coup complètement changé le sens ou la signification des données.

Voici un autre exemple qui pourrait s'appliquer lors des opérations de nettoyage des données de la base. Supposons que lors de ce nettoyage nous aillons supprimé la ligne 11 du Tableau 5.1. Le résultat (Tableau 5.2(b) serait tout aussi surprenant. Soudain, nous avons, de façon non intentionnelle, alloué toutes les autres données restantes de l'exploitation 1003 à l'exploitation 1002!

Une meilleure organisation/structuration des données qui pourrait résoudre ce problème serait d'être redondant, répétitif comme indiqué dans le Tableau 5.2(c) où le numéro d'identification de l'exploitation est rendu explicite. Donc la répétition est une bonne chose car elle permet aux données d'être manipulées sans affecter leur signification/sens. Mais

Tableau 5.1 Echantillon de données - Nombre et espèces d'arbres observés dans 2 exploitations d'une étude de biodiversité

Numéro exploitation	Espèces	Nombre de pieds
1002	*Acacia mearnsii (Burikoti)*	33
	Albizia gummifera (Omushebeya)	88
	Dersama abyssinica (Omukaka)	124
	Carica papaya (Ekipapari)	160
	Dodonaea angustifolia (Omushambya)	168
	Dracean reflexa (Omigorora)	112
	Erythrina adyssinica (Ekikoo)	352
	Eucalyptus spp. (Kurutusi)	144
	Ibosa riparia (omuravunga)	200
1003	*Acacia mearnsii* (Burikoti)	970
	Albizia gummifera (Omushebeya)	93
	Calliandra calothyrsus	868
	Carica papaya (Ekipapari)	18
	Cupressus lusitanica (Karwenda)	961
	Cyphomandra bataceae (Ebitunda)	31
	Datura sueveolens (Ekimuri)	713
	Dracean reflexa (Omigorora)	279
	Ficus natelensis (Ekitooma)	24
	Grevillea robusta	899

Tableau 5.2(a) Données triées par ordre décroissant

Numéro exploitation	Espèces	Nombre de pieds
1003	*Acacia mearnsii* (Burikoti)	970
	Cupressus lusitanica (Karwenda)	961
	Grevillea robusta	899
	Calliandra calothyrsus	868
	Datura sueveolens (Ekimuri)	713
	Erythrina adyssinica (Ekikoo)	352
	Dracean reflexa (Omigorora)	279
	Ibosa riparia (Omuravunga)	200
	Dodonaea angustifolia (Omushambya)	168
	Carica papaya (Ekipapari)	160
	Eucalyptus spp. (Kurutusi)	144
	Dersama abyssinica (Omukaka)	124
	Dracean reflexa (Omigorora)	112
	Albizia gummifera (Omushebeya)	93
	Albizia gummifera (Omushebeya)	88
1002	*Acacia mearnsii* (Burikoti)	33
	Cyphomandra bataceae (Ebitunda)	31
	Ficus natelensis (Ekitooma)	24
	Carica papaya (Ekipapari)	18

Tableau 5.2(b) Ligne 11 supprimée

Numéro exploitation	Espèces	Nombre de pieds
1002	*Acacia mearnsii* (Burikoti)	33
	Albizia gummifera (Omushebeya)	88
	Dersama abyssinica (Omukaka)	124
	Carica papaya (Ekipapari)	160
	Dodonaea angustifolia (Omushambya)	168
	Dracean reflexa (Omigorora)	112
	Erythrina adyssinica (Ekikoo)	352
	Eucalyptus spp. (Kurutusi)	144
	Ibosa riparia (Omuravunga)	200
	Albizia gummifera (Omushebeya)	93
	Calliandra calothyrsus	868
	Carica papaya (Ekipapari)	18
	Cupressus lusitanica (Karwenda)	961
	Cyphomandra bataceae (Ebitunda)	31
	Datura sueveolens (Ekimuri)	713
	Dracean reflexa (Omigorora)	279
	Ficus natelensis (Ekitooma)	24
	Grevillea robusta	899

Tableau 5.2(c) Manipulation des données

Numéro exploitation	Age	Espèces	Nombre de pieds
1002	37	*Acacia mearnsii* (Burikoti)	33
1002	37	*Albizia gummifera* (Omushebeya)	88
1002	37	*Dersama abyssinica* (Omukaka)	124
1002	37	*Carica papaya* (Ekipapari)	160
1002	73	***Dodonaea angustifolia*** (Omushambya)	168
1002	37	*Dracean reflexa* (Omigorora)	112
1002	37	*Erythrina adyssinica* (Ekikoo)	352
1002	37	*Eucalyptus* spp. (Kurutusi)	144
1002	37	*Ibosa riparia* (Omuravunga)	200
1003	40	*Acacia mearnsii* (Burikoti)	970
1003	40	*Albizia gummifera* (Omushebeya)	93
1003	40	*Calliandra calothyrsus*	868
1003	40	*Carica papaya* (Ekipapari)	18
1003	40	*Cupressus lusitanica* (Karwenda)	961
1003	40	*Cyphomandra bataceae* (Ebitunda)	31
1003	40	*Datura sueveolens* (Ekimuri)	713
1003	40	*Dracean reflexa* (Omigorora)	279
1003	40	*Ficus natelensis* (Ekitooma)	24
1003	40	*Grevillea robusta*	899

devons-nous oui ou non stocker toutes nos données avec redondance/ répétition ?

Considérons les données nettoyées du Tableau 5.2(c). L'âge du chef de l'exploitation 1002 devrait être changé de 37 à 73 ans et un opérateur/ gestionnaire paresseux n'a apporté la correction qu'à la ligne 5 seulement. Ainsi, le même chef d'exploitation se retrouve avec deux âges différents rendant impossible à une personne étrangère aux données de déterminer son vrai âge. Ceci est un exemple de comment la redondance ou répétition pourrait être source d'inconsistance dans la base de données. De ce fait, quoique utile, la redondance doit être contrôlée.

Les exemples présentés ci-dessus ont été choisis pour illustrer le fait qu'une organisation ou un arrangement de données peut bien être adéquate et appropriée pour certaines opérations et pas pour d'autres. De ce fait, nous devons faire en sorte que la façon dont nous organisons nos données puisse être compatible avec nos besoins d'opérations de gestion de la base telles que la capture, le stockage, la manipulation et le rapportage.

5.3 Commandes/fonctions d'une base de données

Chaque système de base de données possède une manière particulière de présenter les commandes de la base à ses utilisateurs. Dans cette section, nous assumons comme système de base de données 'Microsoft Access' que l'on rencontre communément dans la plupart des centres africains de recherche. L'on accède aux différentes fonctions du menu à partir du panel extrême gauche de la fenêtre principale de Access comme indiqué par la figure 5.1 ci-après.

Dans cette section, sont expliquées les relations entre les commandes pour les activités de gestion des données et les attributs qui leur sont spécifiques.

5.4 Tables

La commande 'Tables' est utilisée pour le tri des données brutes de manière à modeler physiquement les objets d'où sont dérivées les données. Les 'Tables' sont indiquées pour stocker les données sans redondance. Ainsi, les opérations d'addition, de suppression et de mise à jour des données peuvent être effectuées sans affecter le sens, la signification du contenu des 'Tables' (Figure 5.2).

5.5 Forms

Il est possible de capturer directement les données collectées sur le terrain sous forme de 'Tables' mais cela n'est pas aisé et il est sujet à de nombreuses erreurs de la part des opérateurs. La commande 'Forms' en est la solution. Cette commande offre une interface de saisie (Figure 5.3) de données entre l'opérateur et la base de données. Généralement, il y a une parfaite correspondance entre les champs d'une 'Form' et ceux de la fiche d'enquête, c'est-à-dire que les différents champs de la 'Form' sont étiquetés et organisés de telle sorte qu'ils épousent presque parfaitement ceux de la fiche d'enquête de terrain ayant servi à la collecte des données.

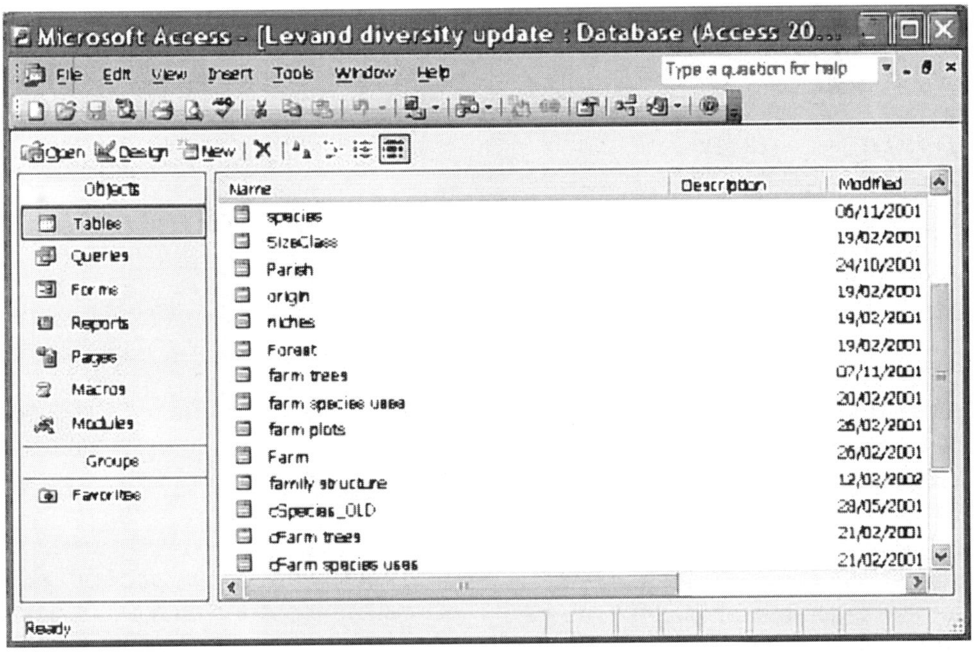

Figure 5.1 Interface pour accéder aux commandes du menu dans Microsoft Access

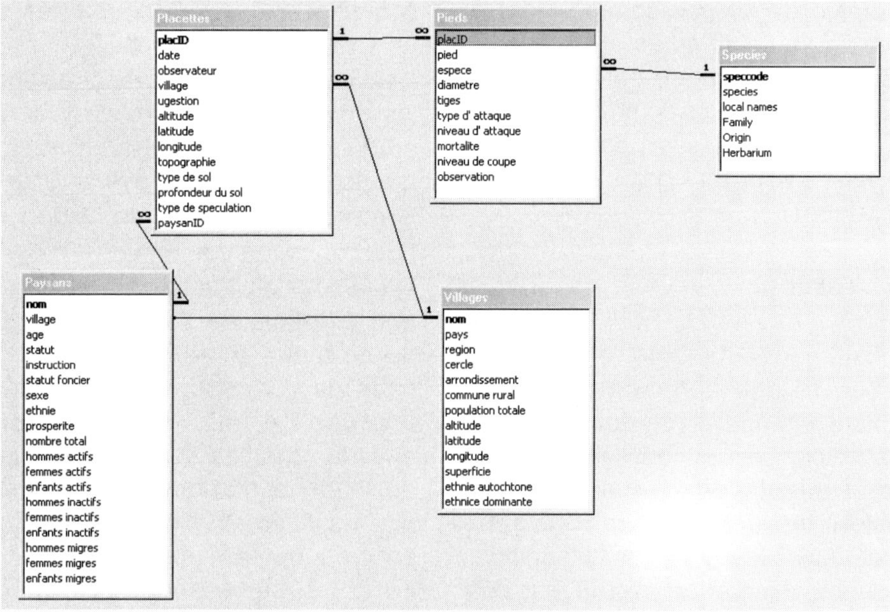

Figure 5.2 Les 'Tables' sont utilisées pour le tri des données, la nécessité de contrôler la redondance impose la conception des 'Tables' et les relations entre elles

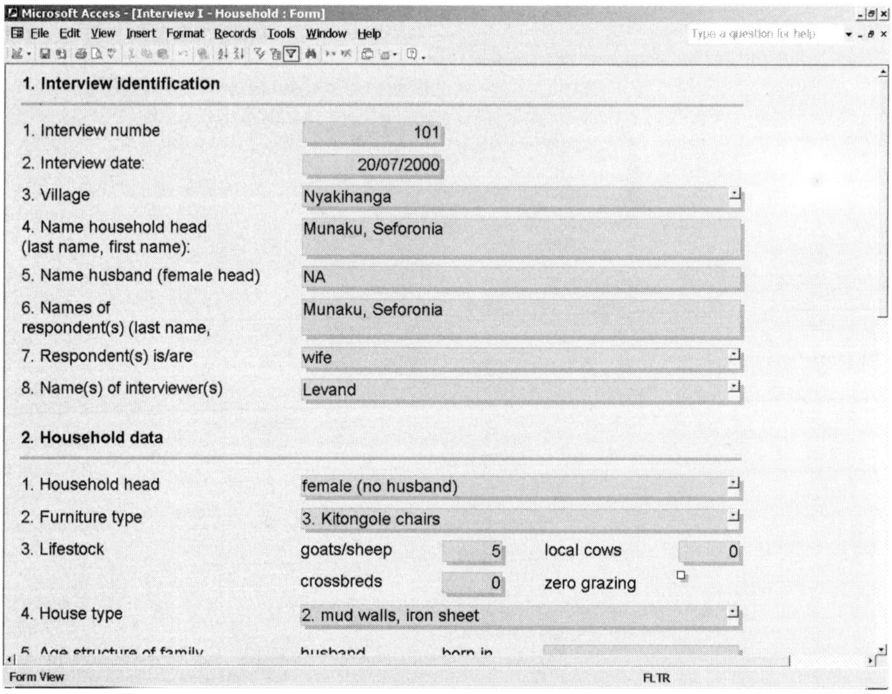

Figure 5.3 Une interface de saisie de données. Les champs de cette 'Form' correspondent à ceux de 'Tables' mais organisés de façon à épouser ceux des fiches de collecte du terrain

5.6 Queries (requêtes)

La commande 'Queries' est spécialement indiquée pour permettre aux opérateurs de générer des résultats à partir des 'Tables' et de les présenter sous forme d'un vaste tableau avec les redondances et tout autre détail. Cette commande joue un rôle très important dans le processus de manipulation des données. Elle procure un mécanisme pour la manipulation des données brutes en résultat fini et pour sauvegarder la procédure dans un état tel qu'elle est toujours prête à être réexécutée en fonction de la mise à jour des 'Tables' de la base. Cet outil rend la manipulation des données à partir d'une base de données de loin plus désirable que le 'couper-coller' habituellement pratiqué avec les feuilles quadrillées. La conception des 'Queries' (requêtes) est simple et facile : l'on doit sélectionner des 'Tables' contenant les champs d'intérêt, sélectionner ces champs dans une grille (Figure 5.4), spécifier les conditions et afficher les résultats. Les résultats peuvent être sauvegardés dans un nouveau tableau (appelé requête par ce que les données ont été dérivées) prêt à être utilisé pour une manipulation encore plus poussée.

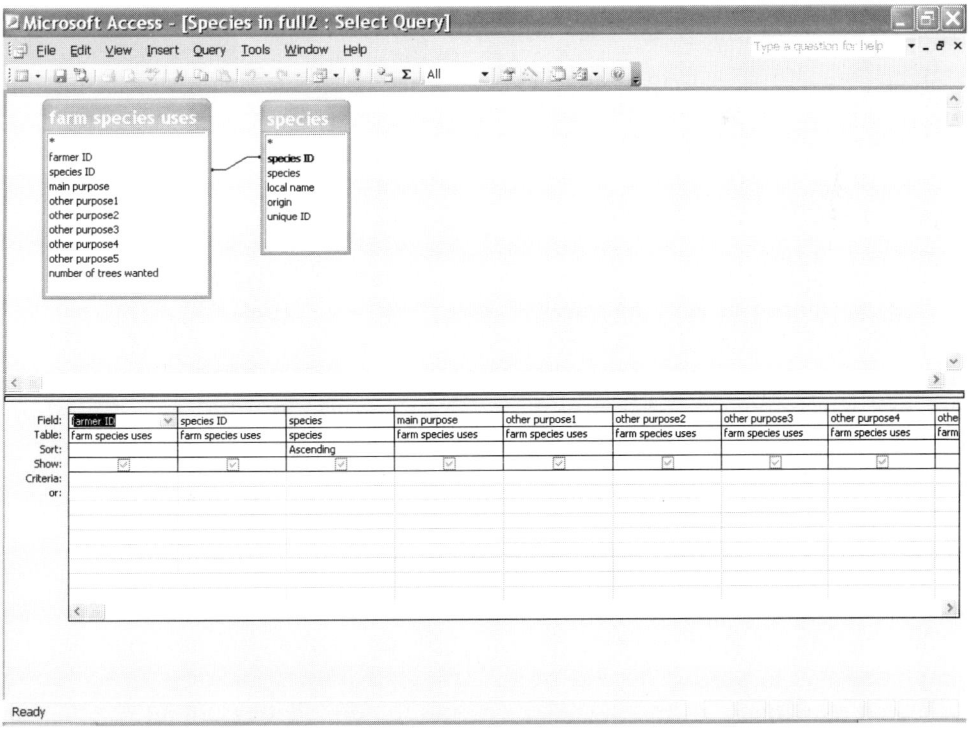

Figure 5.4 Cette interface est conçue pour la conception de feuilles de données en utilisant des champs de 'Tables' appropriées. La grille ci-dessus permet à l'opérateur de spécifier les noms des champs, le mode de tri ainsi que tout autre critère de sélection

5.7 Reports (Rapports)

Finalement, lorsque les données sont prêtes à être imprimées, il serait bon des les réarranger de façon professionnelle et agréable à la vue. C'est ce à quoi est destinée la commande 'Reports'. Grâce à cette commande les résultats des requêtes peuvent être présentés en format de haute qualité avec la numération des pages et des graphiques illustratifs. Les données générées avec la commande 'Reports' ne sont plus aptes à une nouvelle manipulation quand bien même le rapport est sous forme électronique.

5.8 Résumé

La gestion des données est importante, en premier lieu pour une manipulation efficiente et des décisions scientifiques de qualité et en second lieu, pour la satisfaction de besoins externes tels que pour des collègues, des bailleurs de fonds et des journaux de publication.

La cause principale des difficultés relatives à la gestion des bases de données à l'aide de feuilles quadrillées est certainement la non reconnaissance du fait que chaque opération de manipulation des données nécessite un format particulier. Par exemple, certains formats sont beaucoup plus faciles/aisés à lire mais occasionnent généralement une inconsistance dans les données si l'on ne prête pas suffisamment attention. D'autres formats sont bien adaptés pour une saisie rapide et sans erreurs des données mais le produit fini est très difficile à manipuler.

Une base de données possède des options qui sont d'une utilisation facile pour différentes opérations de gestion des données. Les options 'Forms' de par leur simplicité et leur utilisation facile sont appropriées pour la saisie des données et les différents champs sont directement liés à des tableaux spécifiques. Les options 'Tables' sont utilisées pour le stockage des données. Elles possèdent des champs pour le stockage des informations y inclus les principaux pour créer des liens directs avec les entités physiques qu'ils représentent. Les formats 'Query' sont le résultat de la combinaison de champs à partir d'un ou de plusieurs tableaux et sont appropriés pour la manipulation des données et leur exportation dans d'autres logiciels pour des fins d'analyses spécifiques, généralement des analyses statistiques. Le format 'Report', généralement dérivé des 'Queries' est utilisé pour la présentation finale des données en imprimé pour la consommation humaine.

6. Analyse préliminaire des données

Roeland Kindt, Richard Coe,
Peter Muraya

Ce chapitre permet au chercheur d'avoir une vision globale sur l'analyse des données et le type d'information qu'il peut tirer des données collectées. L'objet de ce chapitre n'est point de reprendre à zéro l'introduction à l'analyse statistique. On suppose que les lecteurs ont déjà des notions préliminaires de l'analyse régressive (autrement, ils devront se référer aux manuels tels que ceux mentionnés ci-dessous). L'objet de ce chapitre n'est pas non plus de fournir des directives d'emploi d'un logiciel particulier. L'objet de ce chapitre est plutôt de montrer comment l'analyse régressive peut être utilisée pour tester des hypothèses particulières sur la biodiversité. Il est toujours préférable de contacter un spécialiste, de préférence un biométricien.

6.1 Introduction

Le but de l'analyse statistique des données est de découvrir et de décrire des allures dans les données. L'analyse statistique peut être utilisée pour résumer des allures ou pour évaluer la force de preuve d'une gamme d'hypothèses. Les chercheurs sont très souvent plus intéressés par la force des relations que par la recherche des preuves de l'existence d'une relation. L'analyse statistique sera plus utile si elle produit des prédictions qui peuvent être appliquées, par exemple, à l'approche des interventions de gestion.

On pourrait dire beaucoup sur l'analyse des données et sans aucun doute beaucoup plus qu'on ne peut l'exposer dans un chapitre si court. Les lecteurs peuvent se référer aux manuels et traités sur l'analyse statistique tels que : Jongman *et al.* 1995, Hayek and Buzas 1997, Legendre and Legendre 1998, Quinn and Keough 2002, Shaw 2003. Des logiciels et des directives sur l'analyse de la biodiversité sont aussi disponibles à l'Unité de Support de Recherche de ICRAF [ICRAF Research Support Unit] (http://www.worldagroforestry.org/sites/RSU) et dans le Biodiversity Analysis Package (www.worldagroforestry.org/sites/RSU/resources/biodiversity).

Les types d'analyse sont déterminés par trois aspects : l'objectif de la recherche, l'approche des enquêtes et la nature des données qui sont collectées. Du fait que chacun de ces trois aspects va différer d'une enquête à l'autre, il n'est pas possible de fournir des instructions du type d'un livre de recettes sur la manière dont l'analyse peut se faire. L'analyse exploratoire des données est très importante et les chercheurs doivent prévoir un temps suffisant pour s'accoutumer à chaque jeu de données en faisant des graphiques variés des données et en produisant différents résumés.

Deux types d'analyse statistique vont être introduits : l'analyse régressive et l'analyse des courbes d'accumulation des espèces. D'autres types d'analyse qui pourraient être adéquats pour les enquêtes sur la biodiversité comprennent les profils de diversité (pour analyser les contributions de la richesse et de l'égalité à la diversité) et l'ordination (pour analyser les différences dans la composition des espèces).

Certains exemples d'analyse typique sont fournis. Les données qui ont été utilisées ont été collectées sur la base d'informations recueillies dans un village au cours d'une enquête sur la biodiversité dans les parcs autour de Ségou, au Mali (l'enquête réelle avait collecté des données provenant de plusieurs villages). L'information a été collectée sur un certain nombre d'espèces sur un quadrat de placé aléatoirement sur un village. Pour chaque quadrat, l'information était collectée sur le système d'utilisation des terres (avec des niveaux CB, CC, Hab et ZSP) et sur la classe de prospérité du paysan (avec des niveaux E, MN et N pour l'utilisation des terres CB et CC). Les exemples ont utilisé des logiciels Genstat et R (avec des fonctions supplémentaires du logiciel Biodiversity R développé par ICRAF). Tous les deux logiciels sont disponibles gratuitement aux chercheurs africains.

6.2 Analyse régressive

Le but de l'analyse régressive est d'analyser les relations entre une variable réponse (ou variable dépendante, ou variable Y) et une ou plusieurs variables explicatives (ou variables prédictives, ou variables indépendantes, ou variables X). La plupart des hypothèses qui sont formulées dans ce manuel peuvent être analysées par un modèle régressif.

Dans cet exemple, le modèle régressif que nous allons rechercher est le suivant :

Richesse des espèces = utilisation des terres + richesse + utilisation des terres.richesse

Ce modèle régressif stipule que la richesse dépend de l'utilisation des terres, de la richesse et de l'interaction entre l'utilisation des terres et la richesse. Le modèle régressif va calculer les coefficients de régression qui vont prédire la richesse des espèces pour chacun des niveaux d'utilisation des terres (CB, CC, Hab et ZSP). Une fois les coefficients de régression connus, on peut alors calculer la richesse prédite pour une parcelle à partir du type d'utilisation des terres et de la classe de prospérité (richesse) (Figure 6.1).

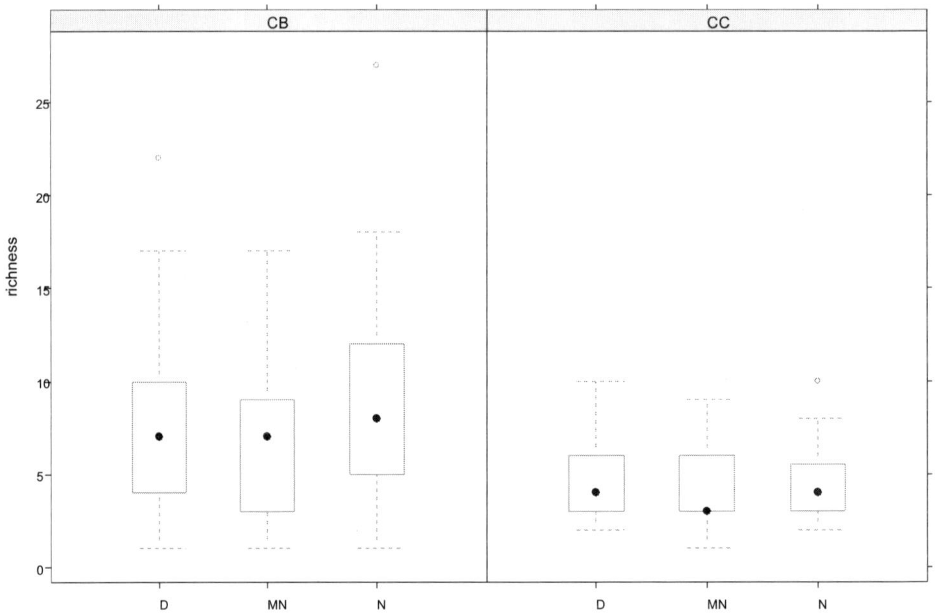

Figure 6.1 Graphique en treillis de la relation entre la richesse des espèces, l'utilisation des terres et la richesse (D = démunis, MN = moyennement riches, N = nantis, CB = champ de brousse, CC = champ de case, richesse = nombre d'espèces)

Du fait que nous n'avons que de l'information sur les utilisations des terres CB et CC, nous ne pouvons pas chercher le modèle pour l'utilisation des terres ZSP et Hab, puisque nous sommes intéressés par l'interaction entre utilisation des terres et richesse. C'est le genre de choses qui laisse perplexes les scientifiques ! Si nous sommes intéressés par ZSP et Hab, pourquoi doivent-ils être exclus. En fait, ils ne peuvent être exclus que si l'objectif spécifique était de considérer l'interaction entre l'utilisation des terres x richesse. On ne peut que calculer le modèle pour un sous-ensemble de quadrats pour lequel l'information sur la richesse ainsi que sur l'utilisation des terres est disponible.

Plusieurs types de modèles régressifs existent. Les différences entre eux reflètent les différences entre les présupposés des modèles sur les valeurs que la variable réponse peut prendre, sur la manière de la relation entre les variables explicatives et les variables réponses, sur la manière de la relation entre variance et moyenne et ainsi de suite. Pour ce qui est de la richesse des espèces en tant que variable réponse, nous savons que ces valeurs sont des dépouillements des espèces. Puisque ces valeurs sont des dépouillements, nous savons que ces valeurs ne peuvent pas être négatives.

Les meilleurs modèles pour analyser des données de dépouillement seront des modèles qui ne peuvent prédire des valeurs négatives. De tels modèles ont été élaborés : ce sont des modèles basés sur la distribution de Poisson ou sur la distribution binomiale négative. Ils appartiennent au groupe plus large des Modèles Linéaires Généralisés (ou MLG). Un modèle avec une distribution binomiale négative est souvent le meilleur pour analyser des données de biodiversité puisque ce modèle peut aussi permettre un groupement spatial (il ne va point supposer que tous les arbres sont aléatoirement distribués dans un paysage ; ceci n'est souvent pas une hypothèse réaliste). Sans entrer dans les rouages du MLG, les MLG de Poisson et de distribution binomiale négative prédisent le logarithme de la richesse des espèces et non directement la richesse des espèces.

Lorsqu'on analyse l'hypothèse selon laquelle la richesse des espèces peut être prédite par l'utilisation des terres et la richesse par un MLG de la famille Poisson, on obtient le résultat suivant avec Genstat (Figure 6.2).

Noter aussi qu'il pourrait être plus utile de produire les mêmes résultats avec les deux logiciels.

Le résultat pour le même type d'analyse avec 'Biodiversity.R' est (Figure 6.3).

Que pouvons-nous constater dans cette analyse ? Premièrement, nous voyons que le modèle explique 123.8 (667-543) sur une déviance totale de 667. Le modèle n'explique que 18 % de la déviance totale. Ceci signifie qu'une grande partie de la richesse des espèces n'est point expliquée par des variables explicatives. La configuration que nous observons est toutefois significative, comme le montre le test F : le test F est un test qui permet de voir si une valeur significative de la variance est expliquée.

***** Regression Analysis *****

Response variate: richness

Distribution: Poisson

Link function: Log

Fitted terms: Constant + landuse + wealth + landuse.wealth

*** Summary of analysis ***

	d.f.	deviance	mean deviance	deviance ratio	approx F pr.
Regression	5	123.8	24.760	11.61	<.001
Residual	255	543.7	2.132		
Total	260	667.5	2.567		

Dispersion parameter is estimated to be 2.13 from the residual deviance

*** Estimates of parameters ***

	estimate	s.e.	t(255)	t pr.	antilog of estimate
Constant	1.9886	0.0900	22.09	<.001	7.306
landuse CC	-0.499	0.155	-3.22	0.001	0.6068
wealth MN	-0.089	0.112	-0.79	0.427	0.9150
wealth N	0.169	0.115	1.48	0.141	1.184
landuse CC .wealth MN	-0.005	0.196	-0.02	0.981	0.9953
landuse CC .wealth N	-0.143	0.229	-0.62	0.533	0.8665

* MESSAGE: s.e.s are based on the residual deviance

*** Accumulated analysis of deviance ***

Change	d.f.	deviance	mean deviance	deviance ratio	approx chi pr
+ landuse					
+ wealth					
+ landuse.wealth	5	123.799	24.760	24.76	<.001
Residual	255	543.663	2.132		
Total	260	667.462	2.567		

Figure 6.2

```
Glm(formula = richness ~ landuse * wealth, family = quasipoisson(),
   data = na.omit(char))

Coefficients:
              Estimate Std. Error t value Pr(>|t|)
(Intercept)    1.988635  0.090936 21.869 < 2e-16 ***
landuseCC     -0.499483  0.156912 -3.183 0.00164 **
wealthMN      -0.088779  0.112809 -0.787 0.43202
wealthN        0.169278  0.115753  1.462 0.14486
landuseCC:wealthMN -0.004689  0.198093 -0.024 0.98114
landuseCC:wealthN  -0.143303  0.231625 -0.619 0.53668
---
Signif. codes:  0 '***' 0.001 '**' 0.01 '*' 0.05 '.' 0.1 ' ' 1

(Dispersion parameter for quasipoisson family taken to be 2.174836)

    Null deviance: 667.46  on 260  degrees of freedom
Residual deviance: 543.66  on 255  degrees of freedom
deviance explained:  18.54778 percent

ANOVA
Terms added sequentially (first to last)

               Df Deviance Resid. Df Resid. Dev       F    Pr(>F)
NULL                             260     667.46
landuse         1   107.50       259     559.97 49.4268 1.881e-11 ***
wealth          2    15.16       257     544.80  3.4861  0.03209 *
landuse:wealth  2     1.14       255     543.66  0.2623  0.76946

Anova Table (Type II tests)
               Wald Chisq Df Pr(>Chisq)
landuse            41.237  1  1.349e-10 ***
wealth              7.083  2    0.02897 *
landuse:wealth      0.516  2    0.77249
```

Figure 6.3

Le modèle avait calculé différents coefficients de régression. Les coefficients sont calculés de sorte qu'une valeur maximum de variance (appelée « déviance » pour les MLG puisque le calcul n'est pas le même, quoique l'interprétation soit similaire) puisse être expliquée par le modèle. Les coefficients permettent de calculer la valeur prédite en utilisant le coefficient approprié pour chaque niveau d'un facteur explicatif. Du fait des raisons du calcul du modèle, l'un des niveaux de chaque variable explicative sera représenté par l'ensemble des points du modèle. Dans notre cas, l'utilisation des terres CB et la richesse sont représentées par l'ensemble des points. Une autre particularité de notre modèle, c'est que les valeurs prédites sont des logarithmes de la richesse des espèces et non la richesse des espèces. Pour calculer la richesse prédite des espèces, il faut rétro transformer la valeur prédite en richesse des espèces par une fonction exponentielle. La valeur prédite pour l'utilisation des terres CB et la richesse E est ainsi exp(1.98) = 7.24, (le modèle prédit le logarithme de la richesse des espèces dans le cas d'un MLG de la famille Poisson). Pour les autres niveaux, il faut prendre l'ensemble des points, les coefficients des niveaux spécifiques et le coefficient d'interaction. Pour l'utilisation des terres CC et la richesse MN, la valeur prédite est exp(1.988 – 0.499 – 0.089 – 0.005) = 4.03. Chaque coefficient est testé dans l'hypothèse où il pourrait être zéro par un test t donné à côté de la valeur du coefficient. On peut constater que la probabilité n'est que faible pour l'utilisation des terres CC. On n'a ainsi qu'une preuve que la valeur prédite est significativement différente pour l'utilisation des terres CC. Ceci signifie qu'il y a une différence significative entre l'utilisation des terres CB (l'ensemble des points) et l'utilisation des terres CC. Pour les différentes catégories de richesse, il n'y a point de preuve de différences avec la catégorie E.

On doit toutefois être prudent lorsqu'on interprète les résultats d'une analyse régressive. L'analyse est basée sur plusieurs hypothèses. L'une des hypothèses, par exemple, c'est que les résidus (la richesse mesurée-richesse prédite) n'ont aucun patron évident. Les hypothèses doivent être vérifiées par une série de diagnostics. Certains de ces diagnostics sont fournis en format graphique (Figure 6.4).

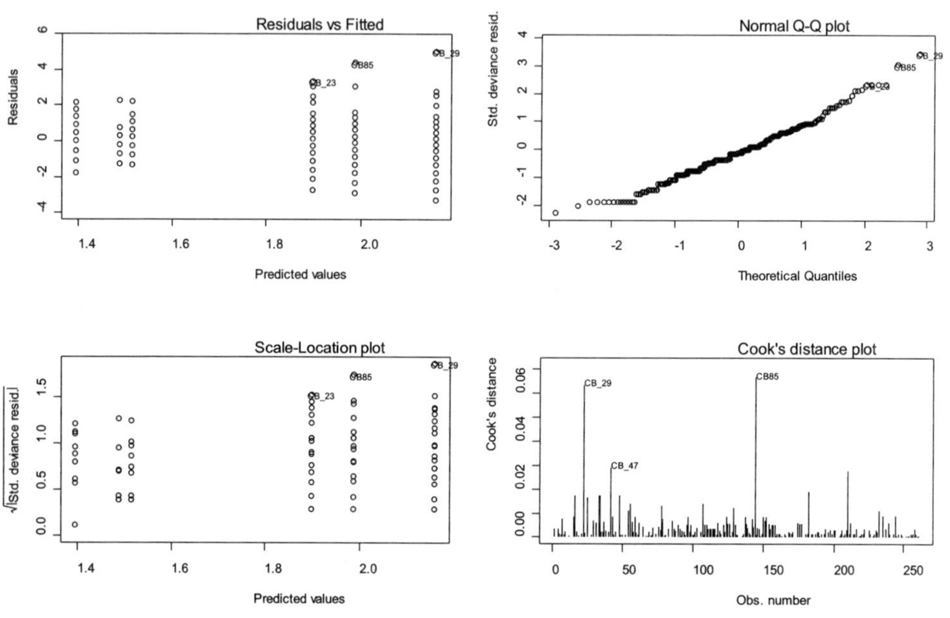

Figure 6.4 Graphique diagnostique pour modèle régressif

Une discussion détaillée de toutes les caractéristiques des graphiques diagnostiques et d'autres diagnostics (tels que l'analyse des configurations spatiales des résidus ou un test de Levene) dépasse le cadre de ce chapitre. Cependant, un bon modèle va montrer une ligne droite pour le graphique Q-Q et aucune configuration évidente entre les valeurs prédites et les résidus (comme la forme en têtes d'épingle comme c'est le cas ici). Les distances de Cook montrent certains quadrats avec une forte influence sur les résultats : on doit répéter l'analyse avec et sans ces quadrats afin de trouver si on aboutit aux mêmes conclusions.

C'est également une bonne pratique que de comparer les valeurs prédites aux valeurs enregistrées pour chaque quadrat. Ceci peut aussi être fait graphiquement (Figure 6.5).

La figure 6.5 montre qu'on s'attend à plus d'espèces pour l'utilisation des terres CB (le trait plein montre la valeur prédite alors que les 95 % des intervalles de confiance sont indiqués en pointillé; la valeur prédite est calculée par le coefficient de régression donné ci-dessus). Bien qu'il y ait plus d'observations au-dessus de la valeur prédite pour les deux catégories de richesse, on ne peut voir aucune observation aberrante significative (valeurs impaires pour beaucoup de valeurs observées très inférieures ou très supérieures). Ceci veut dire qu'on peut avoir une certaine confiance aux résultats de notre modèle.

Bien que les valeurs prédites soient différentes pour les trois catégories de richesse les intervalles de confiance se chevauchent (Figure 6.6). Il n'y a donc aucune preuve de différences entre les catégories de richesse.

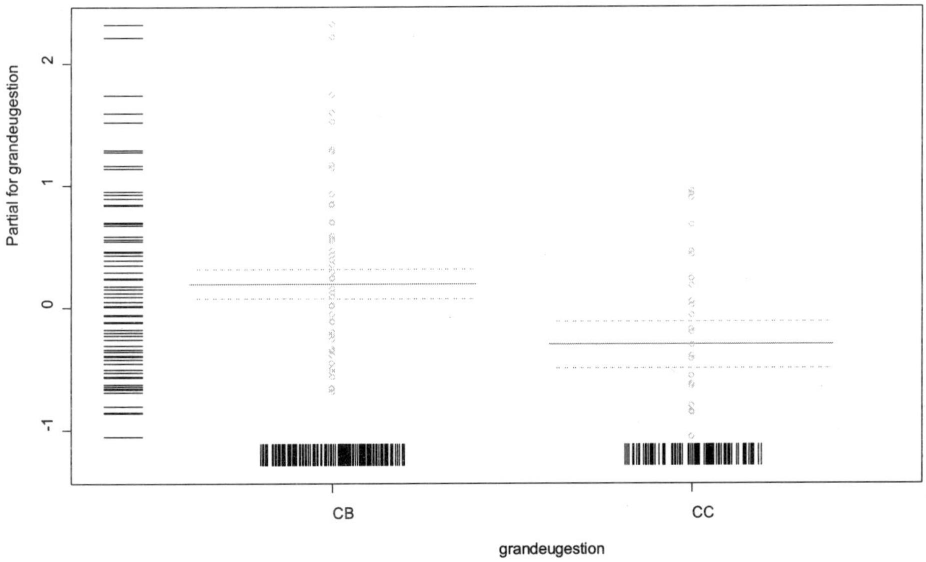

Figure 6.5 Termplot des valeurs prédites et des résidus partiels pour l'utilisation des terres

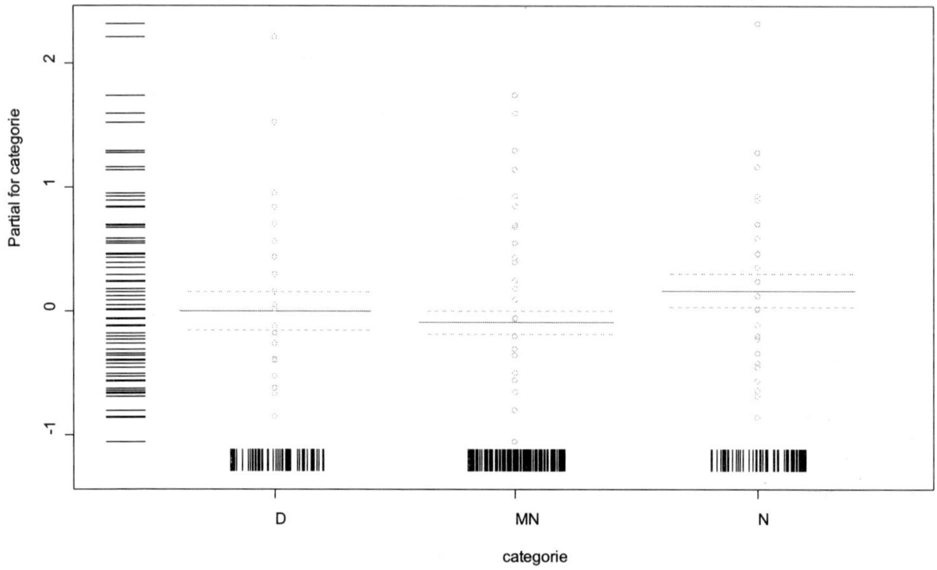

Figure 6.6 Termplot pour les valeurs prédites et les résidus partiels pour les catégories de richesse

Une analyse adéquate des données doit probablement opter pour un modèle binomial négatif ou même adopter un modèle mixte. La raison de l'utilisation d'un modèle mixte, c'est que la catégorie de richesse ne diffère qu'entre paysans et non pour tous les quadrats (la richesse est un facteur qui apparaît à un niveau plus élevé que celui du quadrat puisque différents quadrats appartiennent au même cultivateur ; ceci est un phénomène de pseudo-répétition qui peut aboutir à des conclusions erronées). Une discussion détaillée de tels modèles ne peut être faite ici mais doit être exploitée dans une analyse plus approfondie.

6.3 Courbes d'accumulation des espèces

Les courbes d'accumulation des espèces sont plus utiles lorsqu'on veut comparer le nombre total d'espèces qui a été enregistré dans différentes strates d'un paysage. Dans l'analyse régressive, le centre d'intérêt était la richesse des espèces d'un quadrat et les différences entre quadrats. Dans l'analyse régressive, on a considéré le nombre d'espèces au sein de chaque quadrat et on a alors cherché à savoir si les différences apparais-saient entre le nombre moyen d'espèces aux différents types de quadrats (quadrats dans différents systèmes d'utilisation des terres ou quadrats appartenant à différents paysans avec différents niveaux de richesse). Dans une telle analyse, les différences dans la composition des espèces ne sont point considérées. Il serait possible que deux quadrats aient tous les deux quatre espèces, mais les quatre espèces du quadrat A pourraient exactement être les mêmes que dans le quadrat B ou complètement différentes : le nombre total d'espèces pouvant aller de quatre à huit.

Les courbes d'accumulation des espèces vont fournir une réponse pour savoir si les différences dans la richesse totale en espèces pourraient être un effet de la taille de l'échantillon. La taille de l'échantillon a une forte influence sur la richesse en espèces : plus l'échantillon est grand, plus le nombre d'espèces enregistré est élevé. Une méthode de calcul des courbes d'accumulation des espèces est d'estimer le nombre moyen d'espèces qui est observé dans un, deux, trois, quatre,..., tous les quadrats combinés. La richesse moyenne en espèces pour un quadrat a été l'objet d'une analyse régressive. Les courbes d'accumulation des espèces ont aussi pris en compte la richesse moyenne en espèces sur une plus grande échelle dans le paysage (Figure 6.7).

Les courbes d'accumulation des espèces montrent que la richesse totale en espèces est la plus élevée à ZSP, suivie de CB et la plus faible à Hab (Figure 6.7). Il n'y a aucune preuve que la richesse totale la plus élevée à ZSP soit un effet d'échantillonnage puisqu'en fait, plus de quadrats ont été obtenus de CC et CB. Lorsqu'on compare la richesse totale pour un effectif de 94 quadrats (le nombre total de quadrats pour ZSP), on obtient encore la richesse en espèces la plus considérable pour ZSP. Ce que les courbes cumulées des espèces fournissent, c'est une méthode équilibrée de comparaison de la richesse totale : la richesse totale en espèces est comparée pour des strates avec le même nombre d'observations, et les différences ne peuvent pas être attribuées aux différences de nombre d'échantillon.

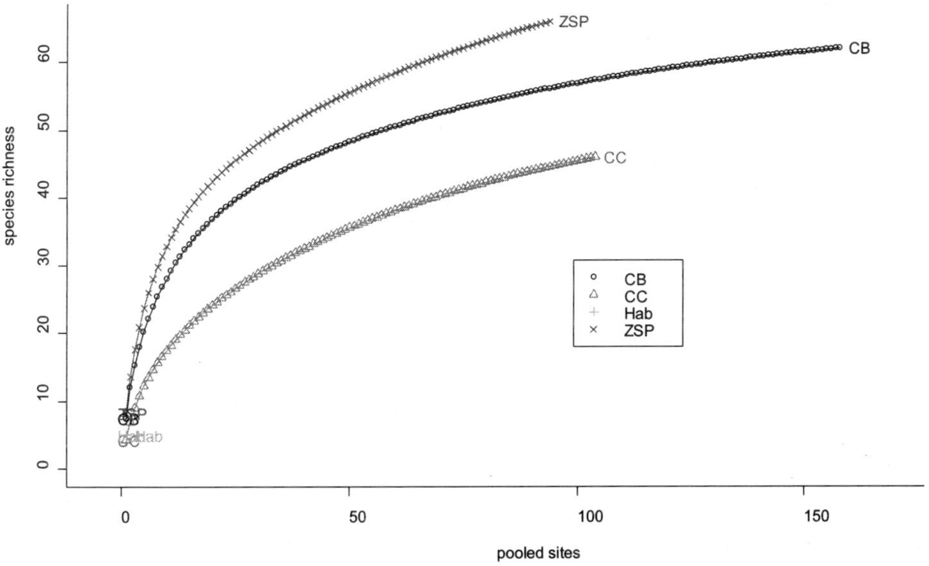

Figure 6.7 : Courbe d'accumulation des espèces montrant la richesse moyenne en espèces lorsque les quadrats de la même utilisation des terres sont aléatoirement combinés

Il faut noter que les courbes d'accumulation des espèces ne montrent qu'une richesse moyenne pour une distribution aléatoire cumulée de quadrats. Les raisons sous-jacentes de la façon dont les espèces se cumulent ne sont pas directement montrées sur la courbe cumulée des espèces. Par exemple, il est possible que la courbe d'accumulation des espèces pour ZSP soit la plus élevée parce que les quadrats qui étaient échantillonnés étaient plus distants les uns des autres que dans d'autres systèmes d'utilisation des terres. On pourrait vouloir rechercher pourquoi il y a des différences au sein d'un même jeu de données. Il faut noter que la base de comparaison est crucialement importante lorsqu'on compare la richesse totale en espèces. La figure 6.7 montre que si l'on compare pour le même nombre de quadrats, ZSP a la plus grande richesse. Si l'on considère le secteur qui est disponible pour chaque utilisation des terres, il est alors possible que plus d'espèces soient dans un autre type d'utilisation des terres (par exemple que seulement 5 % du secteur soit ZSP et que 80 % soit CB). Il est important que l'on vérifie les différences dans la composition des espèces entre les différentes catégories : est-ce que CB n'a seulement qu'un sous-ensemble des espèces de ZSP, ou est-ce que la plupart des espèces diffèrent entre les deux systèmes d'utilisation des terres. On doit décider si un tel type d'information est important pour les objectifs de l'étude. Si la conservation de la biodiversité est importante, il est important d'analyser ces configurations d'une façon plus détaillée. De tels types d'analyse dépassent le cadre de ce chapitre, mais une analyse plus détaillée devrait explorer les configurations de la richesse totale d'une manière plus détaillée.

6.4 Analyse préliminaire des données

Lorsqu'on planifiait l'enquête, les effectifs étaient calculés sur la base des différences attendues entre les différents niveaux de variables explicatives. Le but d'une analyse préliminaire des données est de trouver si les effectifs sont assez grands pour détecter des différences. On utilise les données qui étaient obtenues dans un sous-groupe du jeu de données et l'on recalcule l'effectif requis (comme c'était fait dans une analyse antérieure dans laquelle l'effectif était requis). Il est possible qu'on puisse réduire l'effectif requis. Au cas où un effectif plus grand est requis, on doit décider si l'on peut parachever l'enquête.

On peut aussi décider d'utiliser l'analyse préliminaire des données pour chercher si des configurations inattendues se produisent au sein des données. Par exemple, obtient-on différents groupes lorsqu'on regarde les valeurs observées pour une catégorie d'une variable explicative ? Pourrait-il y avoir des variables supplémentaires qu'on pourrait enregistrer dans le reste de l'enquête ? Si l'on a de nouvelles hypothèses, on peut alors modifier l'enquête pour inclure les nouvelles variables qu'on a besoin de mesurer.

7. Conclusions

Ce manuel est élaboré dans le cadre du projet DMP et représente la concrétisation d'une collaboration fructueuse entre le World Agroforestry Centre et les institutions de recherche du Burkina Faso, du Mali, du Niger et du Sénégal.

C'est un outil utile dans la caractérisation et la quantification de la biodiversité ligneuse. Les méthodologies de recherche et modèles présentés ne sont que préliminaires. Le lecteur est invité à enrichir ses connaissances par des publications données au chapitre 7 et/ ou par une formation complémentaire dans la caractérisation, la quantification et l'analyse des données.

La question de la classification d'espèces menacées ou en disparition a été mentionnée au cours de l'atelier DMP. Vu la complexité de la matière, le sujet n'a pas été discuté dans ce manuel. Cependant, pour les informations sur l'utilisation et l'interprétation des catégories d'espèces en danger critique d'extinction, des catégories vulnérables et en danger, on peut se référer aux 'Catégories et Critères de l'Union Mondiale pour la Nature (UICN) pour la Liste Rouge' version 3.1. (UICN, 2001). Une copie de cette publication peut être obtenue au site Internet de l'UICN : http://www. redlist.org/info/ categories_ criteria.html.

L'harmonisation des approches méthodologiques était l'un des objectifs du projet DMP. Ce manuel peut donc avoir un impact positif sur les résultats attendus au niveau régional dans le cadre de la caractérisation de la biodiversité ligneuse. Il peut être utile et important pour d'autres projets similaires en Afrique sub-saharienne. Cependant, il faudrait intégrer un biométricien dans l'équipe de planification des activités et surtout lors de l'élaboration des méthodologies de recherche.

8. Documents de référence et de lecture

Bocar, B., Kaya, B., Koné, D., Sogodogo, D., Barry, A. and Niang, A. 2004. La région de Ségou: Stratification, communes et villages de recherche-développement. Institut d'Economie Rurale & World Agroforestry Centre, Bamako, Mali.

Feinsinger, P. 2001. Designing field studies for biodiversity conservation. Island Press, Washington, USA.

Gaston, K. J. 2000. Global patterns in biodiversity. Nature 405: 220-227.

Gotelli, N. J., and Colwell, R. K. 2001. Quantifying biodiversity: procedures and pitfalls in the measurement and comparison of species richness. Ecology Letters 4: 379-391.

Hairiah, K. Sitompul, S.M., Van Noordwijk, M. and Palm, C. 2001. Methods for sampling carbon stocks above and below ground. International Centre for Research in Agroforestry, Bogor, Indonesia.

Hayek, L.A. C., and Buzas, M. A. 1997. Surveying natural populations.

Columbia University Press, New York.

Jongman, R. H., Braak, C. J. F. T and Van Tongeren, O. F. R. 1995. Data analysis in community and landscape ecology. New edition. Cambridge University Press, New York, USA.

Kindt, R. and Coe, R. 2005. Tree diversity analysis: A manual and software for common statistical methods for ecological and biodiversity studies. World Agroforestry Centre, Nairobi, Kenya.

Kindt, R. Noordin, Q., Njui, A. and Ruigu, S. 2005. Biodiversity conservation through agroforestry: Managing tree species diversity within a network of community-based, non-governmental, governmental and research organizations in western Kenya. ICRAF Working Paper nr 2. Nairobi: World Agroforestry Centre.

Legendre, P., and Legendre, L. 1998. Numerical ecology. Elsevier Science BV, Amsterdam, The Netherlands.

Lomolino, M. V. 2000. Ecology's most general, yet protean pattern: the species-area relationship. Journal of Biogeography 27: 17-26.

Moss, H. and Guarino, L. 1995. Gathering and recording data in the field. In: Guarino , L. Ramanatha Rao, V. et Reid, R. (eds). Collecting plant genetic diversity : technical guidelines. CAB International, Wallingford, Oxon, UK.

Niang, N., Kaya, B., Rouxel, C., Galletti, S., Mounkoro, B., Samaké, O., Garneau, C. and Kindt, R. 2004. Quantification of village level agroforestry biodiversity according to management units and its livelihood functions in three villages of the Ségou region, Mali. International Symposium for Sustainable Dry land Agriculture Systems ICRISAT Sahelian Center, Niamey, Niger December 2-5, 2003.

Niang, N., Kaya, B., Rouxel, C., Galletti, S., Mounkoro, B., Samaké, O., Zeromé, M., Sacko, L., Garneau, C. and Kindt, R. 2004. Participative natural regeneration of parklands in the Sahel. First World Congress of Agroforestry, Orlando, Florida, USA, 27 June to 04 July 2004.

Quinn, G., and Keough, M. 2002. Experimental design and data analysis for biologists. Cambridge University Press, Cambridge, UK.

Shaw, P. J. A. 2003. Multivariate statistics for the environmental sciences. Hodder Arnold, London.

UICN. 2001. Catégories et critères de l'UICN pour la liste rouge. Version 3.1. Préparées par la commission de la sauvegarde des espèces de l'UICN. Approuvées lors de la 51ème réunion du Conseil de l'UICN, Gland, Suisse.

Annexes

Annexe 1 : Type et mode de collecte des données

Les paramètres à observer seront collectés à différents niveaux : site, village, ménage, parcelle et arbre.

Niveau site du projet	Niveau village	Niveau ménage	Niveau arbres/parcelle
• Nom du site • Situation administrative du site • Pluviométrie annuelle (moyenne sur plusieurs années) • Température : max, mini, moyenne • Densité de la population de la zone • Groupe ethnique dominant • Types d'écosystèmes concernés (agroforestier, forestier)	• Localisation géographique coordonnées du centre du village • Altitude • Superficie totale • Population totale • Groupe ethnique dominant • Groupe ethnique autochtone • Noms des unités de gestion identifiées • Superficie par unité de gestion	• Code de la placette • Unité de gestion concernée • Altitude • Coordonnées GPS de l'échantillon • Types de sol rencontres • Texture du sol • Profondeur du sol • Spéculation pratiquée : nom et taille du ménage échantillonné • Nom de l'exploitant • Age de l'exploitant • Statut de l'exploitant (chef UPA, chef de ménage) et niveau d'instruction • Statut foncier de l'exploitant • Sexe de l'exploitant • Nombre total de personnes • Nombre d'actifs dans le ménage • Nombre d'inactifs dans le ménage • Nombre d'émigrés • Groupe ethnique • Niveau de prospérité	• N° du pied : il s'agit de toute espèce ligneuse rencontrée dans la placette • Nom de l'espèce • Diamètre arbre (d > 5cm) : ici le diamètre est mesuré à 1.30 • Type d'arbres (drageons, semis, rejets) • Diamètre rejet (d > 5cm) : ici le diamètre est mesuré à 0.30 m ; le diamètre de chaque brin est mesuré • Types d'attaque • Degré d'attaques : 0 = pas attaqué ; 1 = <50% ; 2 :50 – 75% et 3 : trop attaqué >75% ; • Mortalité : si un pied d'arbre est mort sur pied il faut marquer M ; il faut préciser dans la colonne observation les causes de la mortalité (cerné, brûlé, déraciné, coupé, naturelle) • Niveau de coupe : 0 = pas coupé ; 1 = <5°% ; 2 = >50%

Annexe 2 : Fiche de collecte des données pour la caractérisation de la biodiversité agroforestière dans les sites du DMP

Date : ________________ **Nom de l'observateur :** ______________________________

SITUATION ADMINISTRATIVE

Pays :______________________________ Région : ________________________________

Cercle/Province/Département : ____

Arrondissement/Sous-Préfecture/Département : ______________________________________

Commune rurale/Communauté rurale : ____

Nom du village : _______________ Population totale du village ____________________

Pluviométrie annuelle moyenne : ____

Température (max, min, moyenne) : ____

COORDONNEES GPS DU CENTRE DU VILLAGE (UTM)

Altitude : ________________ Latitude : ______________ Longitude : ________________

Superficie et limite du terroir : ____

Superficie et limite de l'unité de gestion : ______________________________________

Ethnie autochtone : ___________________ Ethnie dominante : _______________________

Types d'écosystèmes (agroforestiers, forestiers) :_________________________________

Unités de gestion identifiées : ____

Superficie par unité de gestion : ____

NIVEAU PLACETTE

Code de la placette : _________________ Unité de gestion : _________________________

Coordonnées GPS de la placette : ____

Altitude : ________________ Latitude : ______________ Longitude : ________________

Topographie : ____________________ Type de sol : ________________________________

Profondeur du sol : ____

Texture du sol : ____

Type de spéculation (fonio, maïs, mil, sorgho, manguiers, etc.) : __________________________

INFORMATION SUR L'EXPLOITANT

Nom de l'exploitant : ___________________________ Age de l'exploitant : ______________

Ethnie de l'exploitant :_____________________________

Statut foncier : _____________________ Sexe de l'exploitant : _________________________

Statut de l'exploitant (chef d'UPA, chef de ménage)________ Niveau d'instruction : ________

Nombre total de personnes : ____

Nombre d'actifs dans le ménage : homme : ________ femme : _________ enfant : _________

Nombre d'inactifs dans le ménage : homme : ________ femme : _______ enfant : __________

Nombre d'immigrants : homme : _____________ femme : _____________ enfant : ________

Niveau de prospérité du chef de ménage : ____

INFORMATION SUR LES ARBRES

N° de pieds	Nom de l'espèce	Diamètre de l'arbre	Type d'arbre	Nombre de tiges	Types d'attaques	Niveau d'attaques	Mortalité	Niveau de coupe	Observation

NB : diamètre à 1,30 si arbre, à 0,30 si arbuste
Niveau de coupe : 0 = pas coupé, 1= <50 %, 2 = > 50 %, 3 totalement coupé
Niveau d'attaque : 0 = pas attaqué, 1 = <50 %, 2 = 50-75%, 3 = > 75%
La cause de mortalité doit être mentionnée dans la colonne observation

Annexe 3 : Rappel des approches des partenaires

A l'exception du Niger, la caractérisation de la biodiversité ligneuse n'a démarré dans aucun des sites du project. Toutefois, compte tenu de l'expertise des responsables nationaux et internationaux de cette caractérisation, un certain nombre de méthodes ont été ou sont en cours d'utilisation. Les participants ont reconnu la nécessité de passer en revue ces méthodes avant de s'accorder sur celle qui semblera la plus appropriée pour le projet.

1. Caractérisation de la biodiversité agroforestière dans des terroirs villageois de Ségou, Mali

Cette étude a été entreprise par le programme collaboratif IER/ICRAF avec comme objectif principal de mieux connaître l'état et la dynamique de la biodiversité ligneuse au sein des terroirs villageois de la région de Ségou et l'impact des facteurs socioéconomiques sur cette biodiversité.

1.1 Objectifs

Les objectifs spécifiques retenus étaient les suivants :

- identifier et caractériser la biodiversité agroforestière et déterminer la fonction des différentes unités de gestion du terroir villageois ;
- déterminer la relation entre cette biodiversité agroforestière avec les catégories socioéconomiques des paysans.

1.2 Approche méthodologique

L'étude a été faite dans des villages de la région de Ségou au Mali choisis dans des strates constituées à partir de trois types de facteur : la densité de la population humaine, la pluviométrie et les systèmes de culture donnant naissance à 15 strates distinctes à l'échelle de la région. A l'intérieur de chaque strate, les villages ont été regroupés en fonction de leur groupe ethnique.

- **Choix des villages d'études**

  Les villages sont choisis dans des strates contrastées en fonction des hypothèses à tester. Si on veut tester l'état et la dynamique de la biodiversité ligneuse en fonction des systèmes de culture, les villages sont choisis dans le système de culture à base de céréales sèches et celui à base de coton se trouvant tous les deux dans la même tranche pluviométrique, la même densité humaine et au sein du même groupe ethnique. Le seul élément de contraste sera le système de culture : à base de coton ou de céréales sèches.

  Dans chacune de ces strates, deux à cinq villages sont choisis au hasard sur l'ensemble des villages de la strate en s'assurant que les villages choisis se trouvent au centre de la strate. Les études ci-dessous sont ensuite effectuées dans chacun des villages choisis.

- **Elaboration des cartes des ressources et identification des unités de gestion dans le terroir villageois**
  Une assemblée générale avec les villageois est organisée pour expliquer les objectifs de la caractérisation, avoir leur adhésion et leur participation, mais aussi pour clarifier certains éléments relatifs aux problématiques foncières.
  Après ce préalable, il est procédé à la validation des informations collectées et à l'harmonisation des termes et concepts utilisés par tous les acteurs.

Le terroir villageois est délimité sur une feuille de papier par les villageois eux-mêmes en utilisant les outils de la méthode accélérée de recherche participative (MARP) adaptés aux objectifs de l'étude et plus précisément une carte des ressources simplifiée. Les unités territoriales ou de gestion sont élaborées par un groupe d'hommes et de femmes. Il s'agit de faire le tour de chaque unité de gestion à pied ou à moto avec un paysan ou groupe de paysans. A l'aide d'un GPS, les longitudes et les latitudes au niveau des angles de chaque unité de gestion sont relevées ainsi que les coordonnées des objets qui constituent des repères, tels que les pistes, les points d'eaux, les ponts, etc. Les coordonnées sont prises dans le système de projection longitude/latitude WGS 84, avec un GPS GARMING en mode absolu. La carte du terroir est par la suite établie à l'aide du logiciel Mapinfo à partir de ces coordonnées (figure 1). Ce logiciel a permis de reproduire la carte du terroir selon les limites déterminées par le village, de faire une représentation spatiale des différentes unités de gestion qui le composent et

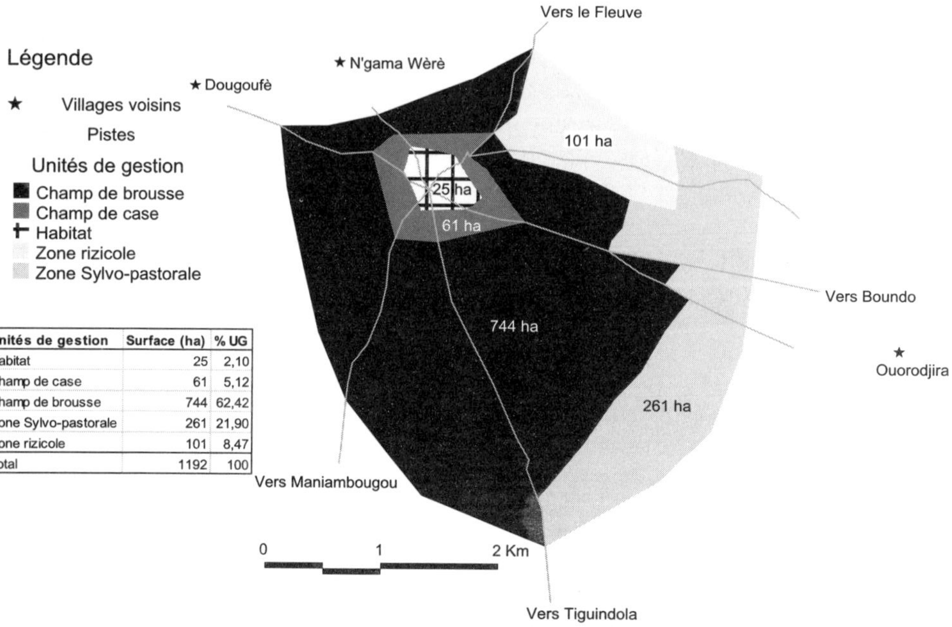

Unités de gestion	Surface (ha)	% UG
Habitat	25	2,10
Champ de case	61	5,12
Champ de brousse	744	62,42
Zone Sylvo-pastorale	261	21,90
Zone rizicole	101	8,47
Total	1192	100

Figure 1 Carte des unités de gestion du terroir de N'gama, Mali

de calculer la surface de chacune d'elles. Les cartes produites sont intégrées dans le système de positionnement global.

Les unités de gestion les plus fréquemment rencontrées dans les terroirs villageois sont les concessions/ habitations, les champs de case autour des concessions, les champs de brousse et la zone sylvopastorale ou parcours.

Définitions

- **Unité de gestion :** une unité de gestion est une surface terrestre qui est gérée de manière spécifique par les agro-éleveurs.
- **Habitation :** c'est le site proprement dit du village qui porte les concessions.
- **Champs de case :** c'est un espace se caractérisant selon les paysans par la mise en culture et l'apport de fumure organique chaque année. Ils sont situés non loin des concessions.
- **Champs de brousse :** c'est un espace situé après les champs de case et caractérisé par la jachère comme moyen de restauration de la fertilité des sols.
- **Zone sylvopastorale :** c'est l'espace non cultivable destiné au pâturage des animaux.
- **Bois sacrés :** les bois sacrés sont des sites portant des arbres qui sont épargnés de toute exploitation pour des raisons cultuelles.
- **Pied franc :** c'est un arbre issu de la régénération par semis ou par drageon.
- **Rejet :** c'est un arbre issu de la régénération d'une souche après la coupe.

- **Système d'échantillonnage**
Une méthodologie d'échantillonnage pour les besoins de l'inventaire ligneux a été adoptée par une équipe pluridisciplinaire. Les principales règles établies pour cette méthode sont :

- un échantillon est égal à la surface d'une placette de 1250 m^2 (50 m x 25 m) ;
- dans une unité de gestion, la surface couverte par les échantillons doit être égale à 5 % de la surface de l'unité de gestion, soit un échantillon pour 2,5 hectares ;
- un quadrillage avec des grilles de 25 m x 50 m est effectué pour couvrir en entier chaque unité de gestion ;
- un tirage au hasard a permis de sélectionner (choisir) les grilles qui constituent l'échantillon ;
- les échantillons tirés sont retrouvés sur le terrain à l'aide du système de navigation des GPS ;
- dans la zone habitée, l'inventaire se fait par concession (il n'y a pas d'échantillonnage à faire).

1.3 Types et mode de collecte des données

- **Caractérisation de la biodiversité agroforestière**

Un inventaire des arbres par espèce est effectué dans chacune des parcelles d'échantillon. Le diamètre des arbres est mesuré à 1,30 m et les arbustes à 0,30 m. Pour les arbustes à plusieurs ramifications à la base, seulement le diamètre du plus gros brin est pris à 0,30 m. On prend soin de préciser pour chaque pied le mode de régénération (par rejet de souche, drageons, pied franc issu de semis). Les usages/fonctions et préférences des paysans pour chacune des espèces se trouvant dans le terroir villageois sont évalués à travers les outils spécifiques de la MARP tels que la classification préférentielle.

- **Caractéristiques socio-économiques des paysans et biodiversité agroforestière**

Une classification par niveau de prospérité des ménages est effectuée dans chacun des villages de recherche retenus à partir des critères déterminés par les paysans eux-mêmes. Un échantillonnage des ménages appartenant à chaque classe de prospérité (nantis, moyens, démunis) est fait. Un inventaire est par la suite effectué dans tous les champs appartenant aux ménages échantillonnés de chaque classe.

Typologie des exploitations

Une typologie des exploitations dans les terroirs est réalisée en appliquant un outil MARP appelé "catégorisation par niveau de prospérité". Cet outil consiste à identifier et à élaborer des critères de classification socio-économique par les paysans eux-mêmes. Ensuite, en fonction des critères dégagés, les différentes UPA sont logées dans chaque classe.

Elaboration des cartes à échelles

Pour élaborer les cartes à échelles, un parcours guidé par deux personnes de chaque terroir est effectué sur le périmètre des terroirs, de celui des habitations, des champs de case, de brousse et des zones pastorales. Pendant ce parcours sont effectués avec le GPS des relevés de coordonnées géographiques (latitude et longitude) de certains points à chaque variation de droiture des limites. Le maximum de points est pris afin de mieux refléter les contours.

Traitement des coordonnées géographiques des points et des données d'inventaire

Les coordonnées géographiques des points pris avec le GPS sont transférées dans l'ordinateur. Le traitement est effectué avec deux logiciels à savoir : EXCEL pour saisir les coordonnées géographiques et l'échantillonnage des placettes d'inventaire et MapInfo pour élaborer les cartes échelles des terroirs et de leurs unités de gestion. Les cartes GPS donnent les superficies et les emplacements des unités de gestion dans les terroirs.

Les données d'inventaire des ligneux sont saisies dans le logiciel Excel et traitées par le logiciel MS Access, ce qui a permis d'obtenir des résultats bruts qui ont servi de base à l'extraction manuelle des résultats présentés dans le présent mémoire. Les données d'inventaire des herbacées sont dépouillées manuellement.

L'échantillonnage

Pour échantillonner les placettes d'inventaire, un maillage est effectué sur les cartes des champs de case, champs de brousse et des zones sylvopastorales. Le maillage consiste à superposer une sorte de grille constituée de petits rectangles de dimension égale à celle des placettes d'inventaire (50 m x 25 m). Un taux d'échantillonnage aléatoire de 5 % est appliqué à la superficie de chaque unité de gestion. Les coordonnées géographiques des placettes d'inventaire échantillonnées sont données directement par l'ordinateur. Ainsi la liste des placettes d'inventaires est établie pour chaque unité de gestion dans chaque terroir.

L'inventaire

En ce qui concerne l'inventaire, trois (3) étapes sont réalisées dont deux préliminaires à savoir : l'enregistrement des placettes dans le GPS effectué une seule fois et la navigation pour repérer chaque placette. La troisième étape est l'inventaire à l'intérieur de la placette.

a) Enregistrement des placettes dans le GPS

L'enregistrement des placettes constituant l'échantillon d'inventaire est effectué à travers leurs coordonnées géographiques. Ces placettes sont obtenues par tirage aléatoire aux taux de sondage retenu (5 %) à partir du logiciel EXCEL. Cette liste a constitué une base de données pour la navigation.

b) Navigation

La navigation est le processus à suivre pour retrouver la placette à inventorier. Pour naviguer, le GPS est mis en marche. Lorsqu'il est connecté à quelques satellites, la liste des placettes d'inventaire enregistrées est activée. On sélectionne dans cette liste la placette qu'on veut inventorier et l'appareil indique la direction à suivre et la distance à laquelle se trouve cette placette.

La distance affichée diminue progressivement pour s'annuler au centre de la placette qui a un rayon de 10 m ce qui correspond à la précision du GPS.

c) Inventaire

La technique consiste à faire un inventaire systématique de toutes les espèces ligneuses et les principales espèces d'herbacées dans chaque placette de 1 250 m^2.

A l'endroit où le GPS affiche la distance zéro, une placette de 50 m x 25 m est délimitée avec la méthode 3-4-5. La placette est disposée perpendiculairement à la pente du terrain afin de couvrir une bonne partie de la biodiversité agroforestière.

Description de la méthode 3-4-5

Cette méthode est également connue sous le nom de méthode du triangle rectangle. Elle consiste à déterminer des angles droits. A N'gama, les angles droits sont formés à l'aide du mètre ruban. A partir de ces angles droits, l'alignement des côtés de la placette est effectué en fonction de ses dimensions (50 m x 25 m). En principe, deux (2) angles droits suffisent pour délimiter une placette.

Observations

Les observations ont porté sur deux (2) composantes : les ligneux et les herbacées.

Paramètres de mesure des ligneux

Les ligneux constituent la base de cette étude de la biodiversité agroforestière. A l'intérieur de chaque placette, le nom scientifique, la nature de régénération des arbres sont notés par espèce et par pied. Les régénérations par semis et par drageon sont notées « pieds francs » et celles par souche sont mentionnées « rejets ». La circonférence du brin s'il est unique ou des trois (3) plus gros s'ils sont nombreux est également notée par espèce et par pied. Les circonférences sont mesurées à hauteur d'homme (1,30 m) pour les arbres et au collet (1,5 cm) au-dessus du sol pour les rejets, les arbustes et les arbrisseaux.

Paramètres d'observations des herbacées

Les herbacées qui accompagnent les ligneux font également partie de la biodiversité agroforestière.

Les noms scientifiques des herbacées identifiées sur place sont notés directement. Les noms bambara des espèces non identifiées sont non seulement notés mais aussi un herbier est constitué pour l'identification par un spécialiste. Ainsi, dans chaque placette dans les champs de case, de brousse et dans les zones sylvo-pastorales les espèces d'herbacées dominantes sont notées.

L'administration du questionnaire dans les terroirs

Le questionnaire est administré dans le terroir de Dakala, d'abord en entretien individuel. Dix paysans au total dont quatre (4) nantis, trois (3) moyennement nantis et trois (3) peu nantis sont questionnés. Après les entretiens individuels, le questionnaire est administré aussi en assemblée générale afin de collecter des informations complémentaires. A Boussourou, le questionnaire est administré en entretien individuel avec un (1) paysan par catégorie et ensuite en assemblée générale. Le questionnaire a trait à l'expertise paysanne de gestion des champs.

2. Etude de la biodiversité agroforestière dans les agrosystèmes du bassin arachidier du Sénégal

L'étude a été entreprise par l'équipe ICRAF/ISRA du Sénégal.

2.1 Objectifs

Elle a été entreprise sur la base des objectifs suivants :

- mettre en évidence les liens entre la structure floristique et spatiale de la végétation ligneuse et l'utilisation du milieu par l'homme ;
- analyser la variabilité de la végétation ligneuse (flore, structure) à l'intérieur et entre terroirs contrastés, et l'interpréter à l'aide de variables décrivant le milieu et les pratiques propres à chaque communauté villageoise.

2.2 Approche méthodologique

L'étude a été faite dans les terroirs villageois de Ndienguéne Keur Ali Dièye (130 habitants), Keur Layine Gueye (365 habitants) et Darou Mougnaguéne (700 habitants) situés dans le département de Nioro du Rip au sud du bassin arachidier du Sénégal. La population est essentiellement composée de Wolofs (90 %), Toucouleurs (7 %), Sérères (3 %).

Des études antérieures ont permis de distinguer les unités de gestion suivantes, qui s'organisent en cercles concentriques autour du village :

Le tol kër

Ce sont les champs de case qui occupent le premier cercle immédiatement après les habitations. Ces champs sont de petites superficies (< 1ha). On y cultive du mil, du maïs et des légumes. Le parcage des animaux dans ces champs permet de maintenir le niveau de fertilité des sols.

Le tol jati

Espace intermédiaire, le *tol jati* est le plus étendu en surface. Les champs sont cultivés principalement en rotation mil-arachide. C'est dans cet espace que les itinéraires techniques proposés par la recherche sont mis en œuvre. En saison sèche, les résidus des récoltes (excepté la fane d'arachide) y sont abandonnés et librement pâturés par les animaux du village.

Le tol gor

Il constitue la troisième couronne, extrêmement réduite et qui n'existe plus dans beaucoup de villages de la zone. Ce sont les champs récemment défrichés, cultivés la première année en céréales à cycle long, mil ou sorgho, puis en arachide. Cette couronne s'intègre progressivement dans le *jati*.

L'espace pâturé

Il est essentiellement constitué de terres impropres à la culture. C'est aussi un espace de cueillette de feuilles, de fruits, de racines, de coupe de bois, etc.

2.3 Caractérisation de la biodiversité ligneuse

Elle a consisté d'une part en un inventaire de la biodiversité agroforestière et d'autre part en une enquête sur les modes d'utilisation des ressources agroforestières.

Inventaire de la biodiversité agroforestière

L'inventaire a été effectué dans les trois terroirs villageois suivant des transects allant du début à la limite de chaque terroir et orientés dans les quatre directions cardinales (nord, sud, est, ouest). Deux transects ont été inventoriés dans chaque direction, soit 8 transects pour chaque terroir (figure 2). Sur chaque transect, des parcelles d'un hectare ont été délimitées et inventoriées dans le sens champs de case – limite du terroir et vice versa. L'équidistance entre parcelles est de 50 m. L'inventaire consiste à identifier les espèces et mesurer le diamètre de tous les ligneux et de toutes les souches présentes dans chaque parcelle.

Enquêtes sur les modes d'utilisation des ressources agroforestières

Des enquêtes ont été menées au niveau des trois terroirs selon la démarche suivante :

- des focus groupes qui ont réuni les chefs d'exploitation dans chacun des trois terroirs villageois ;
- des entretiens individuels avec des personnes ressources des collectivités locales, des organisations

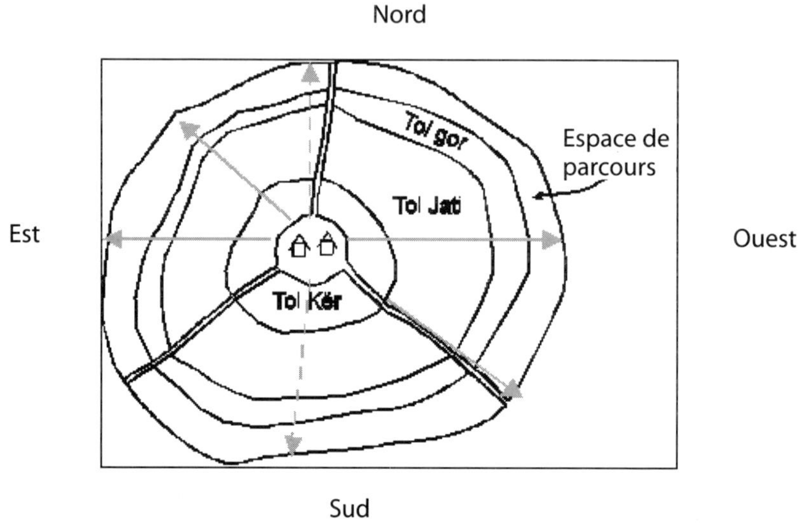

Figure 2 : Structuration des terroirs et schéma d'échantillonnage à la base, des autres producteurs dans les trois terroirs ;

- une enquête proprement dite auprès de trente (30) chefs d'exploitation sur la base d'un questionnaire simple centré sur les éléments suivants :
  - la socio-démographie (personne enquêtée, âge, ethnie, activités principales, personnes en charge, chef de famille, etc.) ;
  - les ressources agroforestières existantes et leurs usages ;
  - les périodes et modes d'exploitation des ressources ;
  - la perception de la population sur la dynamique de ces ressources ;
  - les principales activités des populations ;
  - la tenure foncière.

3. Caractérisation de la biodiversité ligneuse des parcs agroforestiers dans les sites d'intervention du DMP au Niger

La caractérisation de la biodiversité ligneuse dans les parcs agroforestiers a été menée afin d'atteindre les objectifs suivants :

- identifier et caractériser les différents écosystèmes dans les deux sites ;
- créer les conditions d'amélioration de la mésologie des espèces ligneuses forestières ;
- identifier les axes d'intervention pour une amélioration du potentiel productif ligneux dans les parcs agroforestiers des deux sites ;
- comprendre la dynamique de la biodiversité ligneuse en relation avec les activités humaines.

3.1 Caractéristiques des sites d'intervention du DMP au Niger

Les deux sites DMP comprennent Kouré et Mayahi-Baban Rafi très distincts à tous égards.

Kouré

Le site de Kouré se situe entre les longitudes de 02°27' et 02°55' E, les latitudes de 13°23' et 13°14'30 N ; il couvre une superficie d'environ 700 km^2 allant de la vallée du fleuve à celle du Dallol Bosso. Il est composé d'au moins 70 villages ou hameaux dont environ 25 sont dans le Dallol Bosso, 42 sur les plateaux latéritiques et 6 dans la vallée du fleuve. Au plan administratif, la zone est à cheval sur les Arrondissements de Kollo (plus de 80 % du site) et de Birni N'Gaouré. Les populations de la zone sont constituées essentiellement d'agro-pasteurs. Du point de vue de la biodiversité, les habitats sont très diversifiés, on distingue notamment :

- la vallée sèche du Dallol Bosso (limite Est du site), au sol sableux hydromorphe avec plusieurs chenaux (de ruissellement ou d'affleurement de la nappe phréatique) où se forment des mares semi-permanentes à permanentes. L'exploitation agricole y a démarré depuis fort longtemps et par conséquent, les parties exploitables sont fortement lessivées. La présence de mares semi-permanentes où se maintient une végétation aquatique plus ou moins verte pendant une bonne partie de la rude et longue saison sèche draine un important cheptel qui exerce une forte pression sur les ressources. Ces mares constituent des lieux pouvant accueillir les oiseaux migrateurs. Les sols sableux sont occupés par un parc "verger" plus ou moins dense à *Neocarya macrophylla*. On y trouve disséminés des arbres tels que *Hyphaene thebaica, Ficus spp., Tamarindus indica,* etc.

Cette vallée a l'avantage de bénéficier de plusieurs actions de projet de développement (dont les financements ont servi de contrepartie pour le DMP) comme le PGRN et d'autres partenaires (ONVPE).

Elle va servir pour les actions de lutte contre la baisse de la fertilité des sols, les études sur les milieux humides (existence de plusieurs mares temporaires ou semi-permanentes voire permanentes), l'intégration agriculture-élevage. Un site d'ancrage (village de Oulhal) y a été identifié.

Dans la partie est et nord-est, contiguë à la berge ouest du Dallol, il y a une zone aux sols ferrugineux tropicaux plus ou moins ensablés. Elle est une partie des plateaux et terrasses latéritiques couverts normalement par des brousses tigrées. Cette partie est essentiellement cultivée et présente des niveaux de dégradation des sols qui est fonction de la position topographique et de l'épaisseur de la couche sableuse. Sur les dunes où elle est généralement mince, les champs sont vite abandonnés, contrairement aux bas-fonds constitués par le bassin versant.

Cette partie, caractérisée par l'ensablement du plateau latéritique, constitue une zone de transition entre les terres aux sols tropicaux ferrugineux et celles aux sols hydromorphes du Dallol. C'est aussi une zone agricole incluse dans l'aire de pâturage des girafes.

La zone des plateaux et terrasses latéritiques couvre les parties ouest et centre du site de Kouré et contient les "brousses tigrées". Ici, presque tous les plateaux au sol peu profond sont restés non cultivés, contrairement à l'essentiel des bassins versants. Il y a plusieurs faciès de brousses tigrées ou d'agrosystèmes dans ces villages : brousses tigrées plus ou moins dégradées, champs aux sols plus ou moins érodés. Mais la principale particularité est que les terroirs se trouvent actuellement partagés entre la préservation de la principale zone de séjour des girafes et les exploitations anthropiques : cultures, bois (énergie, œuvre, construction...). L'exploitation du bois énergie est une véritable problématique car une forte demande existe et les populations sont conscientes des avantages tirés.

- la vallée du fleuve, au sud-ouest du site, abrite le village de Kollo. Elle comprend le lit mineur du fleuve et des zones inondables ou de ruissellement où l'inondation peut être longue ; le sol y est essentiellement argilo-limoneux. Il y a des zones exondées aux sols sableux localisées sur les différentes terrasses. Là également se posent les problèmes de baisse de fertilité, de l'érosion éolienne et hydrique, particulièrement à travers les grands ruisseaux en provenance des plateaux environnants.

  Dans ce site, c'est uniquement la vallée du fleuve qui n'accueille pas les girafes, certainement du fait de son importante anthropisation. En effet toutes les autres parties sont parcourues par les girafes qui séjournent dans la partie centrale pendant la saison d'hivernage (3 à 4 mois) et dans la partie est, jusque dans le Dallol Bosso, en saison sèche.

Mayahi-Baban Rafi

Comme l'indique le nom, ce site comprend deux parties, notamment la zone agricole de Mayahi et l'aire protégée de Baban Rafi.

La zone de Mayahi est une aire comprise entre 7°25' à 7°50' de longitude est et 13°40' à 14°10' de latitude nord. Cette zone a un relief peu contrasté constitué par la vallée sèche à doumiers (*Hyphaene thebaica*) appelée Goulbi n'kaba, entourée par un système de dunes fixées. Le sol est sablonneux excepté dans d'étroites dépressions interdunaires ou dans vallée où il est argilo-sableux ; dans l'extrême nord, vers Maireyrey, il y a un affleurement de sol latéritique induré en surface sans rocaille.

Ce site a été découpé en trois parties :

- le Goulbi n'kaba qui s'individualise par la présence d'une doumeraie partiellement cultivée. Les parties non cultivées, du fait des protections par les autorités coutumières, abritent encore des peuplements assez denses et hauts de *Hyphaene thebaica*. Cette espèce particulièrement utile aux populations de la zone comme de celles des régions environnantes, est cependant sujette à une forte pression anthropique. En effet, les plants des parties cultivées sont trop fréquemment coupés et de ce fait maintenus au stade de tallage tandis que dans la partie non cultivée, les fruits sont cueillis (verts ou mûrs) et les tiges sont coupées frauduleusement. Cela réduit considérablement la régénération de ce palmier qui constitue une ressource très importante. La pression pastorale a conduit à un appauvrissement de la flore qui, en outre, n'est pas riche du fait également de la forte pression anthropique ;

- la partie sud entourant le Goulbi n'kaba, constituée de dunes et de dépressions interdunaires, est une zone essentiellement cultivée et dont la végétation est pratiquement homogénéisée. Elle présente un parc agroforestier à *Faidherbia albida* dans les premières auréoles autour des villages, *Combretum glutinosum, Guiera senegalensis* et *Piliostigma reticulatum* dans les auréoles plus externes. Les aires de pâturage de saison des pluies se résument aux rares jachères, généralement enclavées dans les champs et colonisées par *Eragrostis tremula, Cassia mimosoides, Mitracarpus scaber, Polygala arenaria, Farsetia ramosissima.* Dans le canton de Kanambakaché, il y a une aire de pâturage de plus de 20 ha qui accueille, surtout, les troupeaux des villages environnants. La végétation quasi monotone est dominée par *Faidherbia albida, Balanites aegyptiaca* et *Zornia glochidiata* ;

- la zone nord présentant des caractéristiques pédologiques semblables à la précédente zone mais s'en distingue par un indice pluviométrique plus faible. Il s'ensuit que la végétation, spontanée comme cultivée, est plus éparse. Cependant, on note une plus grande fréquence de jachères ou d'aires de pâturage de saison d'hivernage. La végé-tation est constituée de parcs à *Faidherbia albida* autour des villages, de *Guiera senegalensis* et *Piliostigma reticulatum* dans les parties éloignées et d'*Acacia nilotica, Balanites aegyptiaca* et *Faidherbia albida* dans les dépressions interdunaires.

Le site de Mayahi est caractérisé par une faible pluviosité (366 à 390 mm par an) et une population importante (environ 148647 habitants) qui exerce une très forte pression sur la biodiversité végétale. En effet, la principale ressource, *Hyphaene thebaica,* nonobstant les efforts de protection, est menacée par la pression de culture et les cueillettes compromettant sa régénération par graine. Les populations, comme ailleurs au Niger, sont essentiellement cultivatrices et/ou pastorales. Or les sols sont épuisés par une exploitation minière (pas de fumure et les résidus agricoles sont soit stockées, soit consommés par les animaux ou utilisés comme succédanés du bois-énergie). L'élevage, bien que très bénéfique, est difficilement pratiqué: en saison des pluies, les animaux sont presque tous au piquet et affouragés, peu d'animaux ont la chance d'avoir accès à une aire de pâturage. En outre, lorsqu'elles existent, les aires de pâturage sont réduites et générale-ment dégradées. Les espèces appétées sont régulièrement arasées et celles peu ou pas appétées prospèrent. Presque toutes les aires de pâture observées, surtout dans la partie sud incluant le Goulbi n'kaba, sont envahies par *Sida cordifolia, Acanthospermum hispidum, Cassia occidentalis, Pergularia tomentosa* ou *Calotropis procera*, espèces non consommées par le bétail.

Ici, le manque de bois de chauffe est tellement crucial que les populations sont condamnées à mettre en valeur tout ce qui peut brûler : résidus des récoltes, déjections animales, les morceaux de bois (quelle que soit la faiblesse du diamètre...).

Il s'y ajoute que la production agricole devient de plus en plus difficile à cause de la faible et erratique pluviosité et de la faible fertilité des sols : les rendements sont de 353 kg/ha pour le mil, 250 pour le sorgho, 130 pour le niébé et 310 pour l'arachide (statistique agricole, 2002), tendis qu'en station de recherche, ces rendements dépassent la tonne à l'hectare.

Mayahi fait cependant l'objet de test de décentralisation avec des communes déjà mises en place et appuyées par le projet de lutte contre la pauvreté. En effet, il y a 8 communes rurales constituées de 27 comités locaux de développement (CLD). Les sites du DMP couvrent 6 communes et 12 CLD. Dans le principe de ce projet, ce sont les populations au niveau communal qui planifient les actions à mener avec des budgets conséquents. Ces sites constituent donc une situation idéale pour la forte implication des populations qui sont le fer de lance du DMP.

Aire protégée de Baban Rafi

A son classement, la forêt couvrait 80 000 ha et seulement 40 000 ha aujourd'hui. Elle est située entre 13° et 13°20 de latitude nord et 7°40 et 8° de longitude est, avec une pluviosité annuelle de plus de 533 mm et se prolonge au Nigeria. Cela favorise la pénétration des éléphants qui semblent aimer prendre un bain dans le lac de Madarounfa. Elle est couverte de brousses tigrées ayant un substrat nettement plus profond que celles de l'ouest du pays. Elle comprend une plaine, au nord, couverte par des fourrés bas et denses à *Combretum micranthum* et *Guiera senegalensis* ; au centre et au sud, une zone présentant des chenaux d'écoulement des eaux de pluies donnant l'aspect de brousses tigrées. Les dépressions ont une végétation dense et haute à flore riche comprenant plusieurs espèces rares du Niger : *Afzelia africana, Boswellia odorata, Commiphora pedunculata, Securidaca longepedunculata, Rytyginia senegalensis*. Toute cette diversité floristique est particulièrement concentrée dans la réserve de la biodiversité située à l'extrême sud de l'aire à la frontière avec le Nigeria.

La forêt de Baban Rafi est cependant la principale source de bois énergie de toutes les agglomérations avoisinantes, incluant la ville de Maradi, soit une population de près 280 000 habitants. Un plan d'aménagement, exceptant la réserve de la biodiversité, y est déjà en exécution. En effet, suite aux inventaires antérieurs de bois énergie (Care international, 1993), la forêt est découpée en 22 marchés ruraux de bois, chacun ayant sa parcelle pour six ans avec normalement un plan de coupe, au cours de l'année, suivi par les services de l'environnement en collaboration avec les coopératives. Ainsi, les coopératives coupent à tour de rôle de sorte que, quel que soit l'éloignement du marché, il n'y ait pas de mévente ou de surexploitation pour les plus proches.

Cet aménagement est un avantage très important car les différents coopérateurs s'intéressent à toutes les actions d'accompagnement, notamment la surveillance (contre les coupes frauduleuses), les plantations et récupérations des parties dégradées.

La forêt de Baban Rafi est donc une zone de protection de la diversité biologique végétale et animale. En effet, bien que la situation des espèces animales sauvages ne soit pas encore disponible, l'on note l'existence de gazelles, outardes, les visites annuelles des éléphants en provenance du Nigeria et diverses autres espèces d'oiseaux ou de mammifères.

Les contraintes de la biodiversité de cette aire se résument à :

- la méconnaissance de la dynamique de la végétation (productivité de la végétation) en vue de déterminer les quotas idoines des coupes ainsi que l'ajustement de la parcelle par aménagement villageois ;
- la pression pastorale de la fin de la saison sèche et au cours de la saison des pluies est également à réglementer pour une utilisation durable ;
- la pression agricole qui est de plus en plus forte dans les différents fronts agricoles. L'exploitation agricole est une contrainte majeure à contrôler car elle signifie une disparition très rapide des espèces. Certains paysans cherchent des autorisations, d'un haut niveau administratif, pour venir défricher. C'est pourquoi l'on peut se demander si la superficie officielle de 40 000 ha de forêts est toujours valable.

3.2 Méthodologie utilisée lors de la collecte des données

Période de relevé

La collecte des données a été faite pendant la saison des pluies, plus précisément au mois d'août, période de végétalisation des espèces ligneuses au Sahel. C'est la période pendant laquelle toutes les espèces peuvent être identifiées.

Inventaire de la végétation ligneuse

L'inventaire a été réalisé suivant des transects radiaires partant du village vers la brousse. La méthode est similaire à celle adoptée par Yamba (1994). Ainsi, un inventaire dans les placettes le long des transects permet de faire ressortir l'hétérogénéité qui existe dans le milieu lorsqu'on s'éloigne du village. Pour une même région écologique, l'analyse de ces types de données permet de faire ressortir l'impact de l'occupation des terres (durée, modes d'exploitation) sur la dynamique des ressources du milieu.

Les transects ont été matérialisés suivant les configurations du terrain dans un terroir donné afin de couvrir tous les types d'occupation des terres et les différentes unités physiographiques. Ces transects sont variables suivant les terroirs villageois car ces derniers n'ont pas les mêmes configurations. La superficie de chaque site ou terroir villageois matérialisé est de 64 km^2 conformément au document du recensement général de la population (1988).

Au niveau de chaque transect, des placettes de 50 m x 50 m (2500 m^2) sont placées à partir de 300 m du village sur chaque 500 m. La taille de 2500 m^2 est choisie pour un souci de comparaison dans les différents types d'occupation de terres et unités physiographiques. Cette taille de placette (0,25 ha) permet une bonne comparaison entre les différents écosystèmes étudiés (Hall et Okali, 1979). La délimitation a été faite au moyen d'un mètre ruban de 100 m.

La collecte des données

Au niveau de chaque placette, toutes les espèces ligneuses sont identifiées et recensées. Le nombre de pieds par espèce est déterminé. Les rejets et les pieds adultes sont recensés séparément pour chaque espèce. Est considéré comme rejet, tout pied d'une espèce dont la hauteur totale n'atteint pas 0,5 m et le diamètre à 0,2 m est inférieur ou égal à 3 cm. Un pied adulte est tout sujet d'une espèce dont les caractéristiques ci-dessus ne lui sont pas applicables.

Les paramètres dendrométriques mesurés sont :

- la hauteur totale de la plus grande tige pour tous les sujets dont la hauteur dépasse 0,5 m ;
- le diamètre à 0,2 m pour tous les sujets dont la hauteur totale n'atteint pas 1,30 m ;
- le diamètre à 1,30 m pour tous les sujets dont la hauteur totale dépasse 1,30 m ;
- le nombre de tiges est déterminé par souche.

Résumé de modes d'échantillonnage et paramètres d'observations dans trois pays du DMP

	Sénégal	Mali	Niger
Mode d'échantillonnage	L'inventaire effectué dans les terroirs villageois suivant des transects allant du début à la limite de chaque terroir et orientées dans les quatre directions cardinales (nord, sud, est, ouest)... Sur chaque transect, des parcelles d'un hectare ont été délimitées et inventoriées dans le sens champs de case – limite du terroir et vice versa.	L'inventaire est effectué sur chaque unité de gestion après quadrillage avec des carreaux de 50 m x 25 m (qui est la taille de l'échantillon) et sur 5 % des carreaux tirés au hasard.	L'inventaire s'est fait sur des placettes de 50 m x 50 m (2500 m^2) ou 50 m x 20 m (1000 m^2) placées sur des transects radiaires du village vers la brousse commençant à partir de 300 m du village sur chaque 500 m.
Paramètres d'observation	- Recensement des espèces ligneuses - Inventaire du nombre de pieds par espèce - Comptage des rejets par souche (tout pied dont hauteur est inférieure 0,5 m et le diamètre à 0,2 m est inférieur à 3 cm - Hauteur totale de la plus grande tige pour tous les sujets dont la hauteur dépasse 0,5 m - Le diamètre à 0,2 m pour tous les sujets dont la hauteur totale n'atteint pas 1,30 m - Le diamètre à 1,30 m pour tous les sujets dont la hauteur totale dépasse 1,30 m.		- Recensement des espèces ligneuses - Inventaire du nombre de pieds par espèce - Comptage des rejets par souche (tout pied dont hauteur est inférieure 0,5 m et le diamètre à 0,2 m est inférieur à 3 cm - Hauteur totale de la plus grande tige pour tous les sujets dont la hauteur dépasse 0,5 m - Le diamètre à 0,2 m pour tous les sujets dont la hauteur totale n'atteint pas 1,30 m - Le diamètre à 1,30 m pour tous les sujets dont la hauteur totale dépasse 1,30 m.

Annexe 4 : Pourcentage de la longueur donnant la direction de l'échantillon

No. lot	Direction	Distance %
1	142	40
2	312	60
3	94	90
4	355	80
5	333	40
6	96	80
7	85	50
8	303	40
9	245	90
10	49	90
11	39	30
12	143	80
13	292	80
14	359	30
15	122	90
16	342	90
17	201	40
18	57	60
19	301	50
20	256	40
21	118	40
22	129	90
23	222	60
24	324	40
25	233	90
26	278	30
27	253	50
28	198	60
29	268	90
30	147	60
31	316	60
32	295	60
33	131	90
34	41	70
35	257	70
36	76	40
37	59	40
38	210	70
39	123	50
40	338	70.
41	99	70
42	171	50
43	151	0
44	52	30
45	187	90
46	195	80
47	55	60
48	239	30
49	164	70
50	70	90

No. lot	Direction	Distance %
51	56	80
52	112	90
53	264	70
54	108	30
55	320	80
56	129	60
57	114	30
58	142	80
59	81	40
60	351	10
61	189	70
62	56	40
63	204	40
64	142	50
65	177	60
66	110	80
67	341	70
68	184	20
69	4	30
70	147	0
71	19	50
72	94	60
73	186	80
74	63	70
75	266	20
76	280	70
77	270	90
78	234	60
79	200	70
80	141	40
81	221	70
82	3	30
83	326	30
84	249	70
85	25	70
86	268	70
87	164	80
88	38	90
89	259	40
90	282	80
91	259	70
92	244	60
93	189	70
94	194	60
95	142	80
96	81	50
97	356	60
98	82	70
99	234	20
100	287	80

No. lot	Direction	Distance %
101	307	40
102	44	60
103	8	90
104	126	90
105	72	0
106	162	70
107	144	90
108	326	70
109	183	70
110	316	60
111	177	70
112	37	20
113	180	80
114	253	60
115	313	70
116	357	70
117	25	40
118	152	70
119	91	70
120	267	80
121	160	90
122	250	80
123	92	80
124	236	40
125	8	0
126	122	80
127	345	90
128	195	90
129	0	80
130	147	80
131	73	50
132	47	10
133	334	50
134	358	90
135	250	40
136	230	80
137	221	30
138	258	70
139	50	40
140	294	50
141	211	90
142	91	90
143	185	70
144	271	70
145	172	90
146	209	60
147	243	90
148	235	30
149	254	40
150	141	60
151	305	50
152	241	80
153	266	70
154	238	90

No. lot	Direction	Distance %
155	278	10
156	196	80
157	23	80
158	58	40
159	264	70
160	351	40
161	324	40
162	67	50
163	67	60
164	254	90
165	340	60
166	338	70
167	84	40
168	23	20
169	124	40
170	113	80
171	105	60
172	62	80
173	93	70
174	298	20
175	79	90
176	93	10
177	315	70
178	314	90
179	192	40
180	113	40
181	19	80
182	269	30
183	158	60
184	60	70
185	61	20
186	6	40
187	245	80
188	171	70
189	347	40
190	126	80
191	202	10
192	149	40
193	144	30
194	185	80
195	228	80
196	276	50
197	316	30
198	339	40
199	325	60
200	10	70
201	230	60
202	311	90
203	314	40
204	211	40
205	275	90
206	68	40
207	3	40
208	179	70

No. lot	Direction	Distance %
209	232	80
210	150	70
211	258	80
212	221	30
213	94	20
214	214	80
215	126	60
216	303	90
217	335	70
218	259	90
219	321	40
220	7	0
221	161	70
222	353	60
223	4	40
224	143	90
225	309	80
226	84	30
227	33	80
228	328	90
229	351	30
230	285	70
231	185	40
232	235	60
233	111	60
234	224	90
235	160	90
236	178	20
237	24	20
238	198	20
239	29	90
240	170	90
241	35	60
242	185	0
243	235	70
244	271	90
245	314	90
246	289	90
247	355	90
248	360	70
249	190	50
250	70	20
251	142	80
252	129	40
253	265	60
254	135	20
255	54	50
256	148	70
257	45	50
258	208	70
259	277	70
260	190	30
261	274	60
262	81	60

No. lot	Direction	Distance %
263	159	40
264	332	70
265	141	80
266	228	80
267	338	30
268	108	60
269	322	70
270	332	70
271	62	70
272	241	90
273	245	90
274	187	70
275	139	80
276	198	60
277	99	50
278	120	30
279	285	90
280	353	70
281	19	70
282	312	70
283	18	50
284	69	40
285	213	70
286	72	40
287	100	40
288	125	10
289	39	90
290	220	40
291	254	80
292	79	10
293	231	80
294	231	30
295	211	30
296	51	90
297	358	90
298	266	40
299	99	90
300	242	80
301	83	90
302	138	80
303	265	60
304	67	90
305	333	90
306	134	90
307	247	40
308	81	20
309	316	30
310	138	70
311	110	90
312	97	80
313	328	40
314	307	20
315	245	80
316	349	80

No. lot	Direction	Distance %
317	81	50
318	64	60
319	290	60
320	347	80
321	27	80
322	42	60
323	242	50
324	64	90
325	339	30
326	348	40
327	234	70
328	52	50
329	350	80
330	193	70
331	202	90
332	286	70
333	7	90
334	30	70
335	105	90
336	235	20
337	295	90
338	105	20
339	219	10
340	339	50
341	88	70
342	354	80
343	358	90
344	78	30
345	134	80
346	313	80
347	355	50
348	11	90
349	84	70
350	75	90
351	22	90
352	145	40
353	171	90
354	313	90
355	139	70
356	86	70
357	352	80
358	175	50
359	118	80
360	124	90
361	95	30
362	236	20
363	83	90
364	319	90
365	56	80
366	49	40
367	37	80
368	98	60
369	304	90
370	70	60

No. lot	Direction	Distance %
371	157	90
372	233	90
373	357	40
374	258	90
375	93	50
376	77	20
377	354	60
378	61	60
379	23	70
380	48	60
381	260	50
382	54	70
383	286	80
384	100	50
385	180	30
386	321	30
387	207	10
388	121	60
389	3	80
390	71	70
391	242	50
392	340	40
393	271	10
394	171	40
395	143	30
396	117	80
397	337	40
398	143	90
399	71	90
400	245	40
401	281	70
402	311	90
403	93	70
404	353	40
405	83	80
406	118	90
407	74	90
408	259	60
409	228	20
410	329	70
411	44	70
412	331	30
413	307	80
414	251	10
415	254	80
416	184	70
417	93	80
418	330	60
419	146	50
420	199	80
421	60	50
422	224	80
423	261	80
424	169	60

No. lot	Direction	Distance %
425	42	70
426	313	90
427	273	20
428	217	50
429	93	20
430	35	90
431	212	90
432	315	90
433	149	20
434	242	80
435	303	70
436	356	90
437	321	90
438	26	0
439	316	60
440	17	90
441	337	60
442	118	80
443	168	90
444	165	30
445	98	30
446	83	60
447	354	90
448	190	50
449	157	10
450	210	20
451	145	30
452	196	10
453	264	60
454	128	90
455	176	60
456	42	40
457	255	70
458	239	50
459	5	90
460	290	70
461	151	30
462	208	30
463	51	60
464	106	80
465	191	30
466	82	80
467	205	60
468	332	80
469	239	50
470	157	70
471	167	80
472	66	50
473	53	90
474	54	60
475	274	90
476	250	70
477	350	90
478	170	70

No. lot	Direction	Distance %
479	115	80
480	5	60
481	137	80
482	79	10
483	213	80
484	33	90
485	225	80
486	329	50
487	250	80
488	295	70
489	67	50
490	201	50
491	256	80
492	263	90
493	289	70
494	154	60
495	178	40
496	274	80
497	159	30
498	267	60
499	161	30
500	162	20
501	18	50
502	359	30
503	73	40
504	179	60
505	82	50
506	264	30
507	351	60
508	114	90
509	277	60
510	244	30
511	278	80
512	157	90
513	88	0
514	210	20
515	289	10
516	39	50
517	194	10
518	62	60
519	268	90
520	44	50
521	167	20
522	38	90
523	112	70
524	178	20
525	113	70
526	67	50
527	279	70
528	73	80
529	291	90
530	201	70
531	98	60
532	104	80

No. lot	Direction	Distance %
533	248	30
534	275	80
535	324	40
536	280	70
537	334	20
538	206	50
539	3	80
540	20	40
541	162	90
542	3	40
543	338	60
544	46	0
545	247	90
546	328	60
547	134	30
548	20	70
549	224	80
550	303	30
551	12	70
552	309	80
553	210	30
554	146	70
555	10	50
556	20	90
557	280	90
558	332	60
559	267	60
560	256	60
561	161	10
562	147	50
563	25	90
564	139	20
565	214	60
566	107	60
567	332	60
568	334	80
569	271	80
570	54	80
571	305	80
572	234	10
573	228	70
574	308	30
575	226	70
576	353	40
577	274	90
578	145	70
579	171	70
580	307	90
581	197	80
582	51	60
583	324	60
584	47	40
585	88	80
586	149	70

No. lot	Direction	Distance %
587	267	80
588	332	60
589	129	20
590	237	10
591	59	80
592	101	80
593	311	60
594	231	0
595	52	60
596	44	50
597	148	90
598	200	50
599	193	60
600	316	60
601	254	40
602	93	70
603	274	80
604	183	90
605	315	50
606	344	80
607	355	90
608	14	30
609	164	80
610	121	70
611	17	50
612	244	80
613	134	80
614	324	40
615	62	50
616	248	40
617	244	80
618	163	70
619	244	90
620	123	80
621	286	80
622	31	70
623	141	70
624	151	20
625	129	40
626	186	90
627	99	80
628	206	50
629	80	40
630	1	90
631	352	70
632	140	80
633	80	80
634	318	60
635	11	40
636	117	30
637	232	90
638	53	70
639	31	80
640	300	80

No. lot	Direction	Distance %
641	265	80
642	37	30
643	355	90
644	288	50
645	140	80
646	321	80
647	184	90
648	86	80
649	90	90
650	339	40
651	79	80
652	90	50
653	23	80
654	77	20
655	328	90
656	293	90
657	270	50
658	352	60
659	258	30
660	18	10
661	286	20
662	117	70
663	126	90
664	229	50
665	110	30
666	163	70
667	324	30
668	295	90
669	161	90
670	198	70
671	93	60
672	329	90
673	358	40
674	275	90
675	241	90
676	114	70
677	191	80
678	180	90
679	266	70
680	98	80
681	310	60
682	249	80
683	70	80
684	225	90
685	156	60
686	333	90
687	172	20
688	353	40
689	94	40
690	133	60
691	8	30
692	204	60
693	8	60
694	164	70

No. lot	Direction	Distance %
695	153	60
696	96	70
697	4	20
698	56	60
699	76	70
700	282	50
701	51	90
702	166	90
703	237	90
704	82	40
705	213	90
706	108	50
707	112	90
708	312	90
709	248	20
710	43	60
711	311	80
712	110	30
713	159	90
714	310	30
715	177	70
716	333	90
717	309	60
718	302	50
719	359	90
720	341	60
721	326	20
722	128	70
723	148	70
724	233	50
725	1	70
726	238	90
727	338	80
728	352	80
729	352	70
730	160	60
731	54	70
732	325	30
733	160	70
734	53	90
735	286	0
736	22	60
737	77	40
738	133	50
739	170	60
740	125	20
741	343	70
742	100	30
743	200	50
744	284	50
745	324	60
746	44	80
747	142	60
748	297	80

No. lot	Direction	Distance %
749	96	80
750	260	50
751	157	70
752	243	60
753	225	90
754	191	70
755	195	60
756	288	80
757	76	30
758	42	90
759	128	80
760	95	90
761	157	50
762	23	70
763	169	80
764	353	90
765	225	90
766	21	0
767	322	40
768	108	90
769	312	20
770	32	70
771	224	70
772	325	90
773	351	50
774	302	80
775	285	90
776	272	20
777	208	70
778	303	80
779	1	20
780	161	80
781	272	30
782	299	80
783	315	50
784	224	70
785	311	50
786	49	70
787	185	90
788	0	80
789	92	70
790	359	30
791	203	40
792	163	90
793	201	80
794	258	70
795	135	90
796	207	90
797	80	10
798	48	90
799	164	30
800	311	10
801	332	90
802	345	30

No. lot	Direction	Distance %
803	183	50
804	182	70
805	153	80
806	130	30
807	292	70
808	176	70
809	213	80
810	258	90
811	91	50
812	340	60
813	130	10
814	222	50
815	177	50
816	62	0
817	24	90
818	222	90
819	270	30
820	269	70
821	314	90
822	317	90
823	272	50
824	208	70
825	281	70
826	288	60
827	0	50
828	128	40
829	198	80
830	288	70
831	148	70
832	327	50
833	132	50
834	149	40
835	50	80
836	75	50
837	7	90
838	198	80
839	117	90
840	127	70
841	257	80
842	21	70
843	194	80
844	246	20
845	288	90
846	250	80
847	181	10
848	223	50
849	143	20
850	307	80
851	7	10
852	257	70
853	335	70
854	105	90
855	44	30
856	110	90

No. lot	Direction	Distance %
857	68	80
858	246	90
859	86	60
860	184	60
861	186	80
862	16	60
863	352	30
864	139	60
865	117	80
866	160	80
867	130	80
868	190	20
869	182	80
870	84	80
871	141	50
872	1	50
873	235	60
874	56	60
875	346	80
876	31	80
877	174	40
878	157	50
879	188	50
880	13	90
881	303	80
882	166	60
883	11	70
884	260	10
885	130	50
886	198	20
887	116	20
888	248	30
889	337	10
890	123	40
891	135	20
892	46	90
893	276	80
894	274	30
895	314	90
896	262	90
897	319	30
898	198	20
899	121	50
900	169	30
901	341	60
902	113	80
903	313	30
904	118	80
905	213	40
906	110	70
907	268	30
908	43	50
909	100	80
910	298	80

No. lot	Direction	Distance %
911	126	60
912	43	60
913	191	80
914	117	90
915	167	40
916	94	60
917	196	90
918	73	70
919	360	40
920	341	80
921	188	70
922	302	80
923	227	80
924	352	40
925	245	70
926	98	30
927	49	40
928	92	80
929	344	30
930	318	70
931	258	70
932	195	40
933	18	80
934	222	80
935	215	80
936	289	70
937	255	30
938	65	40
939	94	70
940	259	90
941	198	60
942	315	80
943	216	60
944	97	50
945	88	40
946	63	50
947	271	90
948	150	70
949	98	80
950	121	90
951	141	60
952	244	50
953	360	80
954	249	70
955	230	40
956	209	10
957	36	80
958	289	50
959	135	60
960	26	30
961	104	60
962	259	90
963	265	60
964	206	90

No. lot	Direction	Distance %
965	65	40
966	187	50
967	60	40
968	99	40
969	132	80
970	94	80
971	135	70
972	47	20
973	169	70
974	210	10
975	33	80
976	64	80
977	218	90
978	59	20
979	267	90
980	123	90
981	255	20
982	310	60

No. lot	Direction	Distance %
983	216	0
984	192	50
985	351	80
986	327	80
987	46	80
988	18	80
989	225	20
990	177	30
991	254	80
992	284	60
993	125	50
994	23	60
995	209	80
996	338	70
997	201	60
998	199	30
999	217	80
1000	15	50